油田注水系统仿真优化决策技术与方法

Simulation, Optimization, and Decision-making Technology and Methods for Oilfield Water Injection Systems

张瑞杰
任永良
高　胜
王　妍　著

化学工业出版社

·北京·

内容简介

本书共 6 章，内容主要包括油田注水管网生产状态仿真模拟方法、注水管网系统故障智能诊断技术、注水管网评价方法、油田注水系统优化调度技术、油田注水系统欠注井群增压方案设计与优化方法等。

本书可作为油田现场从事与水系统相关的设计、生产和管理人员的工具书，也可供高等院校机械、自动化、储运和油气田地面工程专业等师生阅读参考。

图书在版编目（CIP）数据

油田注水系统仿真优化决策技术与方法 / 张瑞杰等著. -- 北京：化学工业出版社，2024.7. -- ISBN 978-7-122-46177-3

I. TE357.6-39

中国国家版本馆 CIP 数据核字第 2024QD2339 号

责任编辑：陈　喆　　　　　　　　装帧设计：刘丽华
责任校对：赵懿桐

出版发行：化学工业出版社
　　　　　（北京市东城区青年湖南街 13 号　邮政编码 100011）
印　　装：北京虎彩文化传播有限公司
710mm×1000mm　1/16　印张 12½　字数 286 千字
2024 年 7 月北京第 1 版第 1 次印刷

购书咨询：010-64518888　　　　　　售后服务：010-64518899
网　　址：http://www.cip.com.cn
凡购买本书，如有缺损质量问题，本社销售中心负责调换。

定　　价：128.00 元　　　　　　　　版权所有　违者必究

前言

注水系统是石油开发生产过程中非常重要的一个生产系统。石油生产企业在开发生产过程中，为了维持稳定的地层开采压力，要消耗大量的水。为了维持水系统的运行，还要消耗大量的能源，同时也存在安全、环保等方面的诸多问题。

我国早在 20 世纪 60 年代中期就开始重视这方面的问题，随着我国陆上油田多数进入开发中后期，注水系统的作用日益突出。目前，我国石油生产企业的水系统规模及处理能力居世界领先地位，注水系统网络覆盖面积通常达几十平方公里，管线长度达几百至上千公里，网络上分布有水源、联合站、污水站、注水站、水井等多种类型单元。这样一个复杂庞大的系统，其状态随生产情况动态变化而变化，要维持其合理高效运行是十分困难的。

自 20 世纪 90 年代中期，东北石油大学系统开展了大规模复杂油田注水系统建模、仿真、故障诊断、优化决策等多方面研究工作，积累了较多有价值的研究成果，以此为基础构成本书基本内容，这些对于推动我国石油工业可持续开发生产具有十分重要的意义。

全书共 6 章，第 1 章为绪论，第 2 章介绍油田注水管网生产状态仿真模拟方法，第 3 章介绍注水管网系统故障智能诊断技术，第 4 章介绍注水管网评价方法，第 5 章介绍油田注水系统优化调度技术，第 6 章介绍油田注水系统欠注井群增压方案设计与优化方法。第 1 章由王妍等编写，第 2 章和第 5 章由张瑞杰等编写，第 3 章和第 6 章由任永良等编写，第 4 章由高胜等编写。在编写过程中，孙凯、李杰、许彦飞、吴磊、祝洪伟、郑文等研究生也参与了相关章节的整理工作，在此表示感谢。

本书得到了国家重点研发项目（2016YFE0102400）的资助，编写过程中参阅和引用了国内外同行的文献资料，在此一并表示衷心感谢。

由于作者水平有限，书中难免存在不足之处，恳请广大读者批评指正。

著者

目录

第1章 绪论 / 1

1.1 注水系统的作用 ———————————————————————— 1

1.2 注水系统的组成 ———————————————————————— 2

1.3 注水系统的流程 ———————————————————————— 3

第2章 油田注水管网生产状态仿真模拟 / 6

2.1 注水管网拓扑结构的构建 ——————————————————— 6

2.1.1 注水系统拓扑网络图的生成 ————————————————— 6

2.1.2 注水系统计算机图形建模 —————————————————— 7

2.2 注水系统基本单元数学模型 —————————————————— 8

2.2.1 注水泵的数学模型 ————————————————————— 8

2.2.2 管线单元的数学模型 ———————————————————— 14

2.2.3 阀门单元的数学模型 ———————————————————— 17

2.3 注水管网系统仿真模型 ———————————————————— 25

2.3.1 仿真模型的构建 —————————————————————— 25

2.3.2 特性矩阵 K 的特点 ———————————————————— 27

2.3.3 仿真模型的解算 —————————————————————— 28

2.4 油田注水管网病态参数修正 —————————————————— 31

2.4.1 油田注水管网参数反演的数学模型建立 ————————————— 32

2.4.2 管网压力监测点的分布规律 ————————————————— 32

2.4.3 基于粒子群算法的油田注水管网摩阻系数反演 ———————————— 34

2.4.4 基于模拟退火算法的油田注水管网摩阻系数反演 ———————————— 36

2.4.5 实例计算 ————————————————————————— 39

第3章 注水管网系统故障智能诊断 / 49

3.1	注水管网系统故障及原因分析	49
3.1.1	注水站故障	49
3.1.2	注水井故障	50
3.1.3	注水管网故障	51
3.1.4	注水系统故障树	53
3.1.5	诊断依据和解决措施	55
3.2	BP 神经网络	56
3.2.1	BP 神经网络原理	56
3.2.2	BP 神经网络算法流程	58
3.2.3	BP 神经网络在管网诊断中的应用	64
3.3	自适应差分进化算法（SDE）	64
3.3.1	SDE 进化算法原理	64
3.3.2	SDE 进化算法流程	66
3.4	SDE-BP 故障诊断	67
3.4.1	SDE-BP 故障诊断模型	67
3.4.2	SDE-BP 算法流程	69
3.4.3	故障诊断案例	71
3.5	管网漏损诊断	77
3.5.1	常用管网漏损检测设备	78
3.5.2	注水管网漏损状态模拟	79
3.5.3	贝叶斯正则化优化 BP 神经网络	81
3.5.4	管网漏损点定位	83
3.5.5	管网漏损检测模拟	85

第4章 注水管网评价方法 / 87

4.1	注水管网评价基本原则	87
4.1.1	注水管网可靠性评价标准	87
4.1.2	注水管网充分性评价标准	88

4.1.3　注水管网有效性评价标准 --- 88

4.2　注水系统能耗计算方法及效率分析 --------------------------------- 89

4.2.1　注水泵系统 -- 89

4.2.2　注水站效率 -- 90

4.2.3　配水间能量损失及其效率计算 ----------------------------------- 90

4.2.4　注水站至配水间的管网效率 ------------------------------------- 91

4.2.5　注水系统的效率 -- 91

4.2.6　注水系统评价方法 -- 91

第5章 油田注水系统优化调度技术 / 94

5.1　注水泵在管网中的调控方法 --------------------------------------- 94

5.1.1　管路特性曲线 -- 94

5.1.2　注水泵在管网中运行的工作点 ----------------------------------- 95

5.1.3　注水泵的调控方法 -- 95

5.2　新型自适应蚁群遗传混合算法的提出 ------------------------------- 98

5.2.1　遗传算法 -- 98

5.2.2　蚁群算法 --- 106

5.2.3　遗传算法与蚁群算法融合的基本思想 ---------------------------- 112

5.3　多源系统注水站外输水量优化 ------------------------------------ 118

5.3.1　优化模型的建立 --- 118

5.3.2　约束条件的处理和转化 --- 119

5.3.3　优化模型的求解 --- 120

5.3.4　计算实例 --- 123

5.4　大型复杂注水系统运行参数优化 ---------------------------------- 125

5.4.1　优化模型的建立 --- 126

5.4.2　约束条件的处理和转化 --- 127

5.4.3　优化模型的求解 --- 128

5.4.4　计算实例 --- 129

5.5　大型复杂注水系统变频调速及运行方案优化 ----------------------- 130

5.5.1　注水泵变频调速的原理 --- 130

5.5.2　优化模型的建立 -- 132

5.5.3　约束条件的处理和转化 ------------------------------ 134

5.5.4　优化模型的求解 -- 135

5.5.5　计算实例 -- 138

第6章　油田注水系统欠注井群增压方案设计与优化 / 141

6.1　高压区增压注水方案设计与优化 ------------------------ 142

6.1.1　欠注井的确定 -- 142

6.1.2　增压注水 -- 142

6.1.3　增压注水形式 -- 144

6.1.4　增压注水形式的选择 ------------------------------------ 146

6.1.5　增压注水管网优化布局 --------------------------------- 146

6.1.6　增压站压力、流量的设定 ------------------------------ 154

6.1.7　增压站与低压干线间的连接 --------------------------- 155

6.1.8　增压泵的选择 -- 156

6.1.9　增压设计优化 -- 158

6.2　低压区注水系统运行优化 ----------------------------------- 162

6.2.1　低压区注水站运行优化分析 --------------------------- 162

6.2.2　注水泵最优工况调节 ------------------------------------ 163

6.2.3　注水泵特性曲线修正 ------------------------------------ 164

6.2.4　注水泵运行参数优化 ------------------------------------ 167

6.3　增压注水评价 --- 170

6.3.1　合理性分析 --- 170

6.3.2　经济运行分析 -- 173

6.4　实例应用 -- 174

6.4.1　欠注井增压设计 -- 174

6.4.2　注水系统运行优化 --------------------------------------- 183

6.4.3　增压注水评价 -- 185

参考文献 / 187

第 1 章

绪论

1.1 注水系统的作用

在陆上油田开发中，随着油田开采时间的延长，油层本身能量将不断地被消耗，致使油层压力不断下降，地下原油大量脱气，黏度增加，油井产量大大减少，甚至会停喷停产。为了弥补原油采出后所造成的地下亏空，保持或提高油层压力，实现油田高产稳产，并获得较高的采收率，必须对油田进行注水。

注水系统是油田生产系统的主要组成部分，是利用注水设备和管网，把在地面经过处理后质量满足要求的水从注水井注入地层，图 1-1 为油田水循环系统示意图。1954 年，玉门油田第一次采用注水开采的形式，效果较好。随后国内及

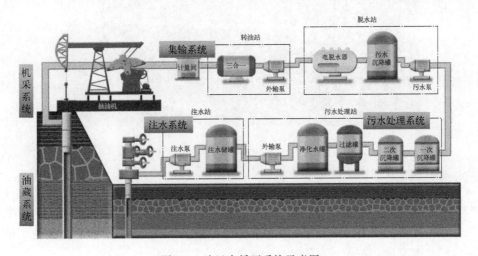

图 1-1　油田水循环系统示意图

国外的大部分油田均大面积采用注水开发方式，以确保油田稳定生产。

1.2 注水系统的组成

在油田注水系统中，水是由专门的水源供给，在各个供水水源，水经过过滤、沉淀等工序处理，使其满足注水井对水质的要求，然后由供水泵将水输送到注水站的水罐中。油田注水系统是一个大型的、密闭的流体网络系统，通常覆盖几十甚至数百平方公里的区域，一般由注水站、配水间、注水井和注水管网组成。

注水站是注水系统的核心部分，其担负注水量短时存储、计量、升压、注水一次分配和水质监控等任务。注水站（图 1-2）中的主要设备是注水泵和驱动注水泵的电机，由注水泵完成对水的升压，给水提供动力。注水泵每天不间断地向地下注水，需要消耗大量的电能。配水间（图 1-3）的工作是对注水站来水进行计量、调节、控制；在进行水井增注、封堵、解堵或其它注水措施时，利用泵站来的高压水，从配水间挤入注水井，减少一些井下作业任务。注水井口（图 1-4）是注水系统地面工程的末端，是实现向地下注水的地面装置，井口有调节阀和计量仪表。注水管网埋设于地下 1～2m 处，主要由管线、阀门、三通、弯头等组成，常用的阀门处设有阀池，工作人员可在地面通过手动调节完成对阀门的调控。

图 1-2　注水站

注水站的来水经注水泵升压、计量后，外输到注水管网中，由管网送达至各配水间或直接送达至注水井。在配水间通过阀门控制使来水的流量分别达到各个注水井的配注流量之后，由配水间控制流向各个注水井，经由各注水井管柱，最后由配水嘴喷出，注入到地层中。

图 1-3　配水间　　　　　　　　　　　　　图 1-4　注水井口

由于一般油田区域分布广泛，注水管网复杂庞大，注水井的数目也比较多，因此，一个油田的注水系统往往不只有一个注水站或一个配水间，而是有多个注水站、多个配水间。并且在一个注水站内也不一定只有一台注水泵，加上备用泵通常有一到两台注水泵，甚至有三台之多。对于配水间，根据所处的地理位置和配注方案的要求，配水间又可分为单井配水间、三井配水间、五井配水间和七井配水间等多井配水间。

1.3　注水系统的流程

目前，注水系统的流程有单干管多井配水流程、单干管单井配水流程、双干管多井配水流程和小站直接配水流程等。其中单干管多井配水流程和单干管单井配水流程在油田现场中应用最多，也是油田注水系统的主要流程。

① 单干管多井配水流程　水源来水进注水站，经计量、过滤、缓冲、沉降后，用注水泵升压、计量后，由出站高压阀组分配到注水管网，经多井配水间控制、调节、计量，最终输至注水井注入油层。

该流程的特点是：系统灵活，便于对注水井网调整，各井之间干扰小，易于与油气计量站联合设置，便于集中供热、通信和生产管理，有利于集中控制。这种类型的流程适应性强，适用于面积大、注水井多、注水量较大的油田，如图 1-5 所示。

② 单干管单井配水流程　水源来水经注水站升压后，由高压阀组分配给单井配水间连接的单干管，经干管到单井配水间，在配水间经控制、计量后输送到注水井注入地层。

该流程的特点是：每井一座配水间，配水间数量多，管理分散，但注水支管

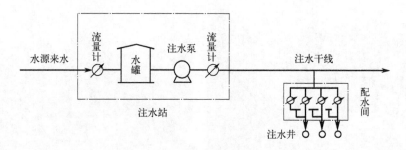

图 1-5　单干管多井配水流程示意图

短，节省材料，有利于分层测试，总的投资少。这种流程适于井数多、采用行列式布井、注水量较大、面积较大的油田，如图 1-6 所示。

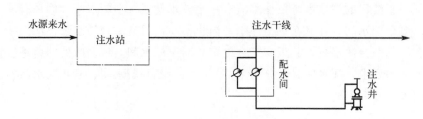

图 1-6　单干管单井配水流程示意图

③ 双干管多井配水流程　该流程是从注水站到配水间铺设两条干线，一条用于正常注水，另一条则用于洗井或注其他液体。

其特点是：使注水和洗井分开，洗井时干线和注水压力不受干扰。在单井注水量小的地区，该流程有利于保持水井不受激动，如图 1-7 所示。

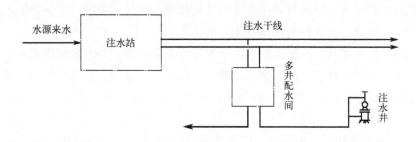

图 1-7　双干管多井配水流程示意图

④ 小站直接配水流程　水源来的水在泵站加压计量后，直接进各注水井。

它的特点是：将注水干线变为低压水管线，节省钢材与投资。这种流程适用于注水量不大，注水井较分散，并可就地取水的地区，如图 1-8 所示。

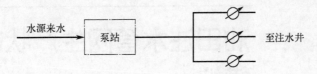

图 1-8　小站直接配水流程示意图

第2章

油田注水管网生产状态仿真模拟

2.1 注水管网拓扑结构的构建

2.1.1 注水系统拓扑网络图的生成

　　油田注水管网，管道的轴向长度都远远大于其径向长度，所以根据图论的原理，可将管网中的管道概化成一条线段，作为图中的边，将有附件的管道看成图中的特殊管线，将注水站、配水间、注水井简化成各种类型的节点，边与边之间由节点相连。这样，一个系统的管网图就转化为由管线单元和节点构成的网络图。而且管线中的水流是有方向的，所以管网图是有向图，如图 2-1 所示的注水系统结构图可以转化为图 2-2 所示的网络图。

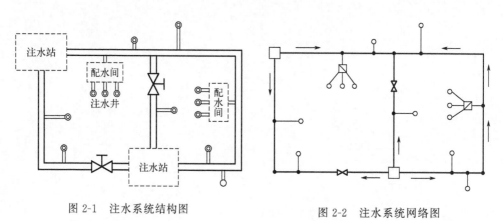

图 2-1　注水系统结构图　　　　　图 2-2　注水系统网络图

2.1.2 注水系统计算机图形建模

为了应用计算机对注水系统进行仿真模拟，需要将上述的网络图转化成计算机能够识别的数字化网络图，这个功能就是图形建模。它是通过计算机按照注水井、注水站、配水间和一般管网连接点的实际地理坐标情况以及管线的连接情况，建立起既符合实际管网现状又适合程序计算的管网拓扑结构，实现对整个注水系统的模拟显示，提供一个动态的人机交互的修改管网模型的方式，如图 2-3 所示。

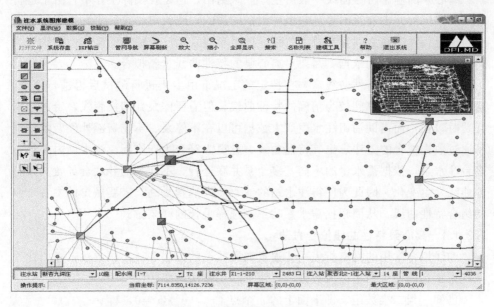

图 2-3　计算机图形建模主界面

该功能将节点数据（包括注水井、注水站、配水间、管网连接节点以及阀门等管网附件）和管线数据从油田静态数据库（一般是 A5 数据库）中提取出来，形成仿真模拟所需参数化图形模式，并可以输出为 DXF 文件供 AutoCAD 浏览。用户通过图形建模可以根据实际情况添加、删除、修改注水井、注水站、配水间、中间节点和管线等各种单元和属性；可以查找存在的注水井、注水站、配水间；可以显示管网各单元的属性；还可以检查管网连接关系正确与否。更重要的是，它是动态可调节的，可以根据现场注水管网实际情况的变更方便地做出相应的调整，适应注水管网的动态变化，满足现场实际生产需要。经过图形建模后，油田方圆几十平方公里的注水管网将浓缩于掌控之间。

2.2 注水系统基本单元数学模型

2.2.1 注水泵的数学模型

油田注水系统一般选用高压离心泵作为动力源，描述离心泵运行状况的主要参数有：流量、扬程、功率和效率。通常离心泵的流量与其扬程、功率和效率之间存在着非线性的关系，这种关系称为离心泵的特性曲线，它反映了离心泵的输出功率、扬程和效率随流量变化而变化的关系。

离心泵的理论特性曲线一般由生产厂家给出，但是在实际工作中，由于运行时间、水流的冲击和管网等其它多种因素的影响，致使离心泵的实际工作特性曲线与理论特性曲线之间存在较大差别，此时不能采用厂家提供的泵特性曲线作为离心泵调节与控制的依据，需要对离心泵的特性曲线重新拟合。

离心泵实际的特性曲线需要在特定的工况下由专人进行测试后再进行拟合，这种方式虽然能够得到较为精确的特性曲线，但需要停泵并切换管线，费用昂贵且费时较长，而借助油田注水生产大数据可以在不停泵、不花费额外经费的情况下通过数据拟合的方法求出其特性曲线，且更为符合生产实际。注水站内一般有多台注水泵，依据需水量的不同，多台泵并联运行，不同泵的并联会导致其泵特性曲线发生变化，因此为使得注水站的注水效率达到最高，需要做出站中各个泵的组合特性曲线，从而根据需水量的不同选择最佳的开泵方式。

2.2.1.1 离心泵特性曲线拟合方法

曲线拟合常用的有解析表达式逼近离散数据的方法和最小二乘法，根据注水系统采集到的注水泵生产大数据，采用最小二乘法效率较高。

已知一组二维数组，即平面上的 n 个点 $(x_i, y_i)(i=0, 1, \cdots, n)$，$x_i$ 从小到大排列，要寻求一个函数 $y=f(x)$，使 $f(x)$ 在某种准则下与所有数据点最为接近，即曲线拟合得最好，即

$$\delta_i = f(x_i) - y_i, \qquad i=0, 1, \cdots, n \qquad (2\text{-}1)$$

则称 δ_i 为拟合函数 $f(x)$ 在 x_i 点处的偏差。为使 $f(x)$ 在整体上尽可能与给定数据最为接近，可以采用"偏差的平方和最小"作为判定准则，即通过使

$$e = \sum_{i=1}^{n} [f(x_i) - y_i]^2 \qquad (2\text{-}2)$$

达到最小值，这一原则称为最小二乘原则，根据最小二乘原则确定拟合函数 $f(x)$ 的方法称为最小二乘法。

一般来说，拟合函数是自变量 x 和待定系数 $a_0, a_1, \cdots, a_m$ 的函数，即

$$f(x) = f(x, a_0, a_1, \cdots, a_m) \qquad (2\text{-}3)$$

因此，按照 $f(x)$ 关于参数 a_0，a_1，$\cdots$，a_m 的线性与否，最小二乘法拟合也分为线性最小二乘法拟合和非线性最小二乘法拟合两类。

（1）线性最小二乘法拟合

给定一个线性无关的函数系 $\{\phi_k(x) \mid k=0, 1, \cdots, m\}$，如果拟合函数以其线性组合的形式

$$f(x)=\sum_{k=0}^{m} a_k \varphi_k(x) \tag{2-4}$$

出现，如

$$f(x)=a_0+a_1 x+\cdots+a_m x^m \tag{2-5}$$

则 $f(x)=f(x, a_0, a_1, \cdots, a_m)$ 就是关于 a_0，a_1，$\cdots$，a_m 的线性函数。

将式(2-4) 代入式(2-2)，则目标函数 e 是关于参数 a_0，a_1，$\cdots$，a_m 的多元函数，由

$$\frac{\partial e}{\partial a_k}=0, \qquad k=0, 1, \cdots, m \tag{2-6}$$

亦即

$$\sum_{i=0}^{n}\big[(f(x_i)-y_i)\varphi_k(x_i)\big]=0, \qquad k=0, 1, \cdots, m \tag{2-7}$$

可得

$$\sum_{j=0}^{m}\Big[\sum_{i=0}^{n}\varphi_j(x_i)\varphi_k(x_i)\Big] a_j=\sum_{i=0}^{n} y_i\varphi_k(x_i), \qquad k=0, 1, \cdots, m \tag{2-8}$$

于是式(2-5) 形成了一个关于 a_0，a_1，$\cdots$，a_m 的线性方程组，称为正规方程组。即

$$\boldsymbol{R}=\begin{bmatrix} \varphi_0(x_0) & \varphi_1(x_0) & \cdots & \varphi_m(x_0) \\ \varphi_0(x_1) & \varphi_0(x_1) & \cdots & \varphi_0(x_1) \\ \vdots & \vdots & & \vdots \\ \varphi_0(x_n) & \varphi_0(x_n) & \cdots & \varphi_0(x_n) \end{bmatrix}, \quad \boldsymbol{A}=\begin{bmatrix} a_0 \\ a_1 \\ \vdots \\ a_m \end{bmatrix}, \quad \boldsymbol{Y}=\begin{bmatrix} y_0 \\ y_1 \\ \vdots \\ y_n \end{bmatrix}$$

则正规方程组可以表示为

$$\boldsymbol{R}^{\mathrm{T}}\boldsymbol{R}\boldsymbol{A}=\boldsymbol{R}^{\mathrm{T}}\boldsymbol{Y} \tag{2-9}$$

由线性代数知识可知，当矩阵 $\boldsymbol{R}$ 列满秩时，$\boldsymbol{R}^{\mathrm{T}}\boldsymbol{R}$ 是可逆的，正规方程组有唯一的解，即

$$\boldsymbol{A}=(\boldsymbol{R}^{\mathrm{T}}\boldsymbol{R})^{-1}\boldsymbol{R}^{\mathrm{T}}\boldsymbol{Y} \tag{2-10}$$

为所求的拟合函数的系数，就可以得到最小二乘法拟合函数 $f(x)$。

（2）非线性最小二乘法拟合

给定一个线性无关的函数系 $\{\phi_k(x) \mid k=0, 1, \cdots, m\}$，如果拟合函数不能以其线性组合的形式出现，如

$$f(x) = \frac{x}{a_0 x + a_1} \tag{2-11}$$

则 $f(x) = f(x, a_0, a_1, \cdots, a_m)$ 就是关于 a_0，a_1，$\cdots$，a_m 的非线性函数。

将 $f(x)$ 代入式(2-2) 中，则形成一个非线性函数的极小化问题，为得到最小二乘法拟合函数 $f(x)$ 的具体表达式，可用非线性优化方法求解出参数 a_0，a_1，$\cdots$，a_m。

2.2.1.2　拟合函数的选择

进行函数拟合时，最重要的是能够选取一个恰当的拟合函数，一般可分为两种情况：

① 通过所求问题的背景、理论等分析出变量之间的函数关系，估计对应的参数，从而得到大致的函数关系式。

② 在大多数情况下，由于问题中所涉及的理论依据等诸多要素是未知的，这时常用的方法是利用实验测得的数据作出散点图，依据散点图的分布形状来选择相应的拟合函数。

当注水泵的实测数据散点图的分布形状趋向于直线时，选用线性函数 $f(x) = a_0 + a_1 x$ 进行拟合；若绘制的注水泵实测数据散点图的分布形状趋向于曲线时，则要选用多项式 $f(x) = a_0 + a_1 x + \cdots + a_m x^m$ 进行拟合。

2.2.1.3　基于生产大数据的离心泵特性曲线拟合

利用离心泵生产大数据来拟合其特性曲线，须依据实验数据的散点图和理论结合的方法选择恰当的拟合函数。首先利用 Python 程序作出离心泵的流量-扬程（Q-H）和流量-效率（Q-η）实测数据的散点图，如图 2-4 和图 2-5 所示。

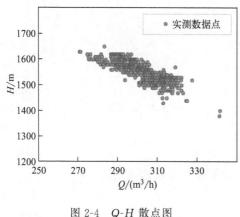

图 2-4　Q-H 散点图　　　　图 2-5　Q-η 散点图

由于泵的生产数据局限性，上述两图的散点分布形状趋向于直线，但是实际的离心泵特性曲线都是曲线的形式，因此不能够单凭散点图来选取拟合函数，采用散点图和理论结合的方法可以有效避免这种错误。

根据经验可知，离心泵的流量-扬程（Q-H）曲线是一条下降的曲线；流量-效率（Q-η）曲线应该是一条先上升后下降的曲线，此处的散点图为在某一流量段下测得的数据，故没有显示出全部的曲线趋势。在拟合曲线时，先利用已知的局部实测数据求出拟合函数的系数，再通过数据扩展的方式得到整个拟合曲线。拟合曲线一般可用多项式函数表示，设多项式拟合方程为：

$$H = a_0 + a_1 Q + a_2 Q^2 \tag{2-12}$$

$$\eta = b_0 + b_1 Q + b_2 Q^2 \tag{2-13}$$

值得注意的是，在使用上述方程拟合曲线的过程中，如果 Q 在某一较大的范围内且值较为均匀时，使用上述拟合方程式（2-12）拟合曲线是可行的；若 Q 仅是某一小范围内并且值比较密集时，采用式（2-12）拟合曲线多数情况下会出现 Q-H 曲线先上升再下降，呈现驼峰形状，显然这是不符合实际水泵特性曲线的，因此需要重新设定拟合方程。而对于流量-效率（Q-η）曲线没有影响。故将流量-扬程（Q-H）曲线方程设为：

$$H = a_0 + a_1 Q^2 \tag{2-14}$$

此方程为非线性拟合函数，拟合时使用非线性最小二乘法，可以避免出现驼峰现象，求解式（2-14）时可令 $Q^2 = T$，将非线性函数转化为线性函数。式（2-12）和式（2-14）的拟合效果对比如图 2-6 所示。

可以看出，使用线性最小二乘法拟合曲线时出现峰值，不符合离心泵的实际规律，非线性最小二乘法拟合曲线为一条平滑下降的曲线，故更符合离心泵的实际情况。

例如：对某油田某注水站 $1^{\#}$ 注水泵 DF300-150×10 进行泵特性曲线拟合，结果如图 2-7 所示。

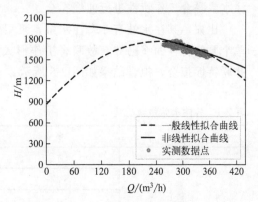

图 2-6　两种方式拟合对比

流量与扬程的关系 Q-H 曲线拟合方程为：

$$H = -0.0019Q^2 + 1690.6221$$

流量与效率的关系 Q-η 曲线拟合方程为：

$$\eta = -0.0008Q^2 + 0.4957Q + 2.1390$$

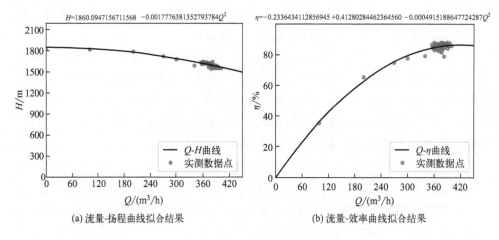

(a) 流量-扬程曲线拟合结果   (b) 流量-效率曲线拟合结果

图 2-7　注水站 $1^{\#}$ 泵曲线拟合结果

2.2.1.4　注水泵最优工况分析

在油田注水生产过程中，一般每个注水站都有多个注水泵，它们有多种组合方案，不同的组合方案注水效率不同，按照需水量的差异选择出最佳的开泵方式（已知需水量时对应的效率最大的组合方式），对于注水系统的节能降耗有一定的重要意义。单台泵的特性曲线已知，考虑每个注水站注水泵所有的组合形式，对注水泵联合工作特性进行曲线拟合。

比如，某注水站有 5 台注水泵，泵型号见表 2-1，开泵方式共有 31 种，由于单个泵的特性曲线已知，故联合工作形式为 26 种，对所有联合工作进行注水泵并联特性拟合，拟合结果如图 2-8 所示。

表 2-1　各注水站站泵配置

站名	泵号	排量/(m³/h)	机泵型号
注水站	$1^{\#}$	400	D400-150×11
	$2^{\#}$	400	D400-150×10
	$3^{\#}$	400	D400-150×10
	$4^{\#}$	250	D250-150×11
	$5^{\#}$	250	D250-150×11

因组合曲线较多，仅给出部分曲线公式作为代表。

12、13 组合时流量与扬程的关系 Q-H 曲线拟合方程为：

$$H = -0.0007Q^2 + 0.3993Q + 1698.1$$

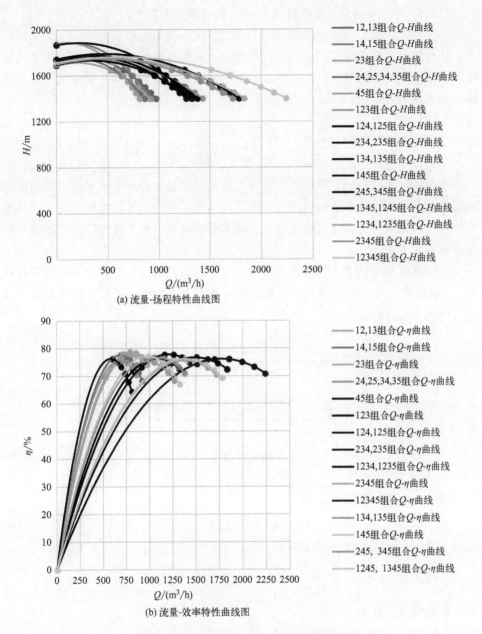

(a) 流量-扬程特性曲线图

图例：
12,13组合Q-H曲线
14,15组合Q-H曲线
23组合Q-H曲线
24,25,34,35组合Q-H曲线
45组合Q-H曲线
123组合Q-H曲线
124,125组合Q-H曲线
234,235组合Q-H曲线
134,135组合Q-H曲线
145组合Q-H曲线
245,345组合Q-H曲线
1345,1245组合Q-H曲线
1234,1235组合Q-H曲线
2345组合Q-H曲线
12345组合Q-H曲线

(b) 流量-效率特性曲线图

图例：
12,13组合Q-η曲线
14,15组合Q-η曲线
23组合Q-η曲线
24,25,34,35组合Q-η曲线
45组合Q-η曲线
123组合Q-η曲线
124,125组合Q-η曲线
234,235组合Q-η曲线
1234,1235组合Q-η曲线
2345组合Q-η曲线
12345组合Q-η曲线
134,135组合Q-η曲线
145组合Q-η曲线
245, 345组合Q-η曲线
1245, 1345组合Q-η曲线

图 2-8　注水站离心泵联合工作特性曲线图

14、15 组合时流量与扬程的关系 Q-H 曲线拟合方程为：
$$H = -0.0008Q^2 + 0.2586Q + 1866.6$$
12、13 组合时流量与效率的关系 Q-η 曲线拟合方程为：
$$\eta = -0.0001Q^2 + 0.1934Q - 0.0080$$

14、15 组合时流量与效率的关系 Q-η 曲线拟合方程为：
$$\eta = -0.0002Q^2 + 0.2268Q - 0.0008$$

针对注水站的开泵方式的不同，拟合注水站的各种特性曲线，根据注水系统中各个站所辖井群的需水量，可通过站的特性曲线选择合理的开泵方式，从而使得各注水站高效运行。

2.2.2 管线单元的数学模型

按照有限元的理论，将连续的管线离散化，划分为有限个单元体，单元体的两端由节点相连。依据管线内部流体介质的不同，将油田注水管网系统的网络图中的管线单元划分为普通水管线单元和热水管线单元，另外将阀门这个控制部件以特殊单元考虑。

在仿真模拟过程中，只考虑管道的恒定流状态。图 2-9 所示为一通用管线单元 i（即管元），k 和 j 分别是管线单元的起始点和终止点，箭头所指方向为管线内流体流动的方向。

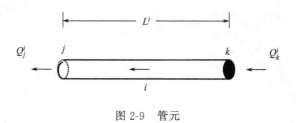

图 2-9　管元

管元 i 的能量方程为：
$$\Delta p^i = p_k - p_j \qquad\qquad (2\text{-}15)$$
式中　　Δp^i ——管元 i 的压力损失，m；

p_k ——节点 k 的压力，m；

p_j ——节点 j 的压力，m。

规定水由 k 流向 j，则 $p_k > p_j$。

2.2.2.1 常温水管线单元模型

在油田注水系统管网中，管线中的介质包括常温下的清水及处理后的采油污水、生活污水和化工污水等，这些水管线通常情况下采用如下的压降模型。

（1）经验公式

经验公式由舍韦列夫公式变形而来，具有简单的表达形式，不用计算管线内流体的沿程阻力系数，使用方便，其表达式如下：

$$\Delta p^i = \frac{(Q^i)^\alpha L^i}{(\overline{K^i})^2} \qquad (2\text{-}16)$$

式中　$\overline{K}$ ——流量系数；

　　　L ——管元长度，m；

　　　Q ——管元流量，m^3/s；

　　　α ——系数，当管元 i 内流体的平均流速大于 1.2m/s 时，$\alpha = 2$；否则 $\alpha = 1.8$。

式(2-16)中流量系数 $\overline{K}$ 的计算公式为：

$$\overline{K} = \frac{\pi d^{8/3}}{10n}$$

式中　d ——管元内径，m；

　　　n ——管元粗糙系数，一般注水管网和污水管网系统中管子都是旧钢管，可取 $n = 0.013$。

将式(2-16)变形为：

$$Q^i = \sqrt[\alpha]{\frac{(\overline{K^i})^2 \Delta p^i}{L^i}} = \sqrt[\alpha]{\frac{(\overline{K^i})^2}{L^i (\Delta p^i)^{\alpha-1}}} \Delta p^i$$

令 $K_{pe}^i = \sqrt[\alpha]{\dfrac{(\overline{K^i})^2}{L^i (\Delta p^i)^{\alpha-1}}}$，可得常温水管元 i 的压降模型：

$$Q^i = K_{pe}^i \Delta p^i \qquad (2\text{-}17)$$

（2）达西公式

采用达西公式来计算流体沿程阻力损失，通用性比较强，其表达式为：

$$\Delta p^i = \lambda^i \frac{L^i}{d^i} \times \frac{(v^i)^2}{2g} \qquad (2\text{-}18)$$

式中　λ ——流体的沿程摩阻系数；

　　　L ——管元长度，m；

　　　d ——管元内径，m；

　　　g ——重力加速度，m/s^2；

　　　v ——流体的平均流速，m/s。

将速度表达式 $v = \dfrac{Q}{A} = \dfrac{4Q}{\pi d^2}$ 代入式(2-18)，可得：

$$\Delta p^i = \lambda^i \frac{L^i}{d^i} \times \frac{8(Q^i)^2}{\pi^2 (d^i)^4 g} \qquad (2\text{-}19)$$

将上式变形为：

$$Q^i = \sqrt{\frac{\pi^2 (d^i)^5 g}{8\lambda^i L^i \Delta p^i}} \Delta p^i$$

令 $K_{pd}^i = \sqrt{\dfrac{\pi^2 (d^i)^5 g}{8\lambda^i L^i \Delta p^i}}$，可得常温水管元 i 的压降模型：

$$Q^i = K_{pd}^i \Delta p^i \qquad (2\text{-}20)$$

2.2.2.2 热水管线单元模型

（1）压降模型

当水温升高时，热水在管线内的压力损失随着温度的升高而降低，热水管线单元的压降模型在式(2-16)基础上，要考虑温度修正系数 C_t，其表达式为：

$$\Delta p^i = C_t \frac{(Q^i)^\alpha L^i}{(\overline{K}^i)^2} \qquad (2\text{-}21)$$

将上式变形并进行线性化处理，可得：

$$Q^i = \sqrt[\alpha]{\frac{(\overline{K}^i)^2 C_t \Delta p^i}{L^i}} = \sqrt[\alpha]{\frac{C_t (\overline{K}^i)^2}{L^i (\Delta p^i)^{\alpha-1}}} \Delta p^i$$

令 $K_{ph}^i = \sqrt[\alpha]{\dfrac{C_t (\overline{K}^i)^2}{L^i (\Delta p^i)^{\alpha-1}}}$，可得热水管元 i 的压降模型：

$$Q^i = K_{ph}^i \Delta p^i \qquad (2\text{-}22)$$

（2）温降模型

在原油集输系统中，掺水管线中的热水沿管道的温降模型满足苏霍夫公式：

$$T_j^i = T_0 + (T_k^i - T_0) \mathrm{EXP}\left(-\frac{k^i \pi d^i L^i}{W^i c}\right) \qquad (2\text{-}23)$$

式中　T_k ——管元起始点 k 处热水的温度，℃；

　　　T_j ——管元终止点 j 处热水的温度，℃；

　　　T_0 ——管元周边土壤的温度，℃；

　　　W ——热水的质量流量，kg/s；

　　　c ——水的比热容，J/（kg·℃）；

　　　k ——管元的传热系数，W/（m^2·℃）。

其中，传热系数 k 的计算方法为：

$$k = \frac{1}{\dfrac{1}{h_i} \times \dfrac{d_0}{d_i} + \dfrac{d_0}{2\lambda} \ln \dfrac{d_0}{d_i} + \dfrac{1}{h_0}}$$

式中　λ ——材料的热导率；

　d_0，d_i ——各层保温层外径；

　h_0，h_i ——对流换热系数，可忽略不计。

将式(2-23)变形为：

$$-\frac{k^i \pi d^i L^i}{W^i c} = \ln \frac{T_j^i - T_0}{T_k^i - T_0} \qquad (2\text{-}24)$$

令 $\ln(T_j^i - T_0) = J_j^i$，$\ln(T_k^i - T_0) = J_k^i$，$\Delta J = J_k^i - J_j^i$，把式（2-24）中的热水的质量流量 W 转换成体积流量 Q，可得：

$$Q^i = -\frac{k^i \pi d^i L^i}{\rho c (J_j^i - J_k^i)} = \frac{k^i \pi d^i L^i}{\rho c (J_k^i - J_j^i)^2}(J_k^i - J_j^i) \tag{2-25}$$

令 $K_J^i = \dfrac{k^i \pi d^i L^i}{\rho c (J_k^i - J_j^i)^2}$，于是可得热水管元 i 的温降模型为：

$$Q^i = K_J^i \Delta J^i \tag{2-26}$$

2.2.3 阀门单元的数学模型

油田注水系统和供水系统管网在出站干线、输水干线和支线上常常装有各种不同直径的阀门，起到输送、关断、调节水的流量、压力和改变水的流向等调控作用，是注水系统和供水系统畅通输送以及管网抢修、维护和改造的重要保证措施。因此研究阀门的阻力性能对注水系统以及供水系统都具有十分重要的意义。

在油田注水系统和供水系统中常用的是闸阀，本书只研究闸阀的阻力性能。闸阀的阻力性能由阀门的阻力系数来体现，阀门的阻力系数主要通过阀门不同的开启度来实现。阀门的开启度分为水力开度和几何开度，几何开度又称为相对开度，是指阀门的阀瓣随螺杆运动时，螺杆行程占阀门全开启到全关闭螺杆总行程的比值。由于阀门的几何开度比较直观，并且容易测量，因此利用阀门的几何开度来研究阀门的阻力系数。

2.2.3.1 局部阻力系数的获取方法

局部阻力系数的获取通常采用以下三种方法：

① 经验指导实践的方法。这种方法准确度不高，因为不同地区、不同管网的局部阻力系数不同，即使局部形式相同的不同管网，其局部阻力系数也会有很大的差异，因此采用经验值的方法对某些区域阻力系数进行计算，会产生很大偏差。

② 数学分析的方法。根据流体力学建立各物理量（如速度、压力等）之间关系的微分方程，寻找局部阻力系数与各物理量之间的规律性关系。然而，由于流体运动的复杂性，难以建立准确的微分方程。即使能够建立微分方程，由于不能够准确地确定初始条件和边界条件也无法求解。

③ 现场测试的方法。该方法能够比较真实地反映不同地区、不同情况下管网的局部阻力，具有较强的针对性。但是在实际工程中，现场实验不但要消耗大量的人力、物力，而且实验结果也只能用于特定的实验条件，无法广泛地推广到与实验条件不同的现象上去。另外，对于管网系统，由于压力过高、埋设过深等条件的限制，使得直接实验难以进行。

为了避免上述这些局限性，本书以相似原理为基础开展实验研究。

2.2.3.2　相似原理

油田注水管网中的流体流动属于黏性流体的受迫运动，对流动状态取决定作用的是雷诺准则。在紊流状态范围内，随着雷诺数的增加，流体紊乱程度及流速分布最初变化较大，但以后的影响程度渐渐变小，而当雷诺数大于"临界数"时，这种影响几乎不存在，流体的流动状态及流速分布不再变化，皆彼此相似，与雷诺数不再相关，流体的流动进入自模化状态。雷诺数大于临界值的范围，称为"自模化区"。实验证明，一般工程设备的通道越复杂，通道内的附加物越多，流动进入自模区越早，即雷诺数的临界值越小。一般雷诺数的临界值为 $Re>10^3 \sim 10^4$。由于黏性流体具有"稳定性"与"自模性"，当模型与原型流动均处于自模化区时，不必保证雷诺数相等，二者只要达到几何相似即满足流动相似。

2.2.3.3　注水系统阀门阻力系数的研究

油田注水系统与城市供水系统具有相似性，根据黏性流体的"稳定性"和"自模性"，借鉴城市供水系统常用闸阀的研究成果，对注水系统的阀门阻力性能进行研究。城市供水系统的实验是在如图 2-10 所示的系统中完成的。

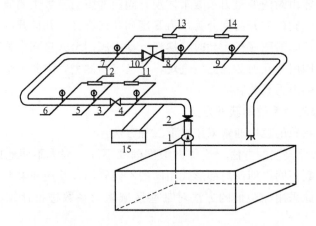

图 2-10　实验系统

1—循环水泵；2—节流阀；3,10—测试阀门；4～9—测压点；

11～14—压差传感器表头；15—超声波流量计

由于模型流体处于自模化区，只要保证几何相似就能保证模型中测得的阻力损失与阀门开度的关系适用于实际管网。同样，根据相似性原理，当模型管径发生变化后（在不同管径下）测量的阻力损失与阀门开度关系也具有相似性，符合一定的相似比例。根据这一原理，可以利用城市供水系统已有的模型实验数据推导出注水系统常用管径的阀门阻力损失表达式。

阀门局部阻力系数随相对开度变化的最佳数学模型，见式（2-27），$DN100$、$DN150$、$DN200$、$DN300$ 和 $DN400$ 阀门的阻力系数与阀门开度之间的数学表达式，见表 2-2。

$$\xi = ab^{1/k}k^{-c} \tag{2-27}$$

式中　ξ——闸阀阻力系数；

　　　k——闸阀的相对开度；

a，b，c——待定系数。

表 2-2　不同公称直径的阀门阻力系数与开度之间的数学表达式

公称直径/mm	阻力系数表达式
100	$\xi = 1.5875 \times 0.715^{1/k}k^{-3.1677}$
150	$\xi = 1.2786 \times 0.9379^{1/k}k^{-2.284}$
200	$\xi = 0.8616 \times 1.1552^{1/k}k^{-1.7721}$
300	$\xi = 0.9060 \times 0.8477^{1/k}k^{-2.449}$
400	$\xi = 0.7238 \times 0.8408^{1/k}k^{-2.401}$

根据上述方程绘制出各种公称直径阀门阻力系数与相对开度的曲线，如图 2-11 所示。

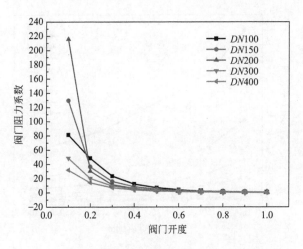

图 2-11　不同公称直径阀门阻力系数与开度关系折线图

从图 2-11 中可以看出，当阀门相对开度为 0.1 时，$DN150$ 和 $DN200$ 的阀门阻力系数突变，超出了 $DN100$ 阀门的阻力系数。根据各种管径下阀门阻力系数的变化趋势，可以判断出该组数据异常，而在其它相对开度下各公称直径阀门阻力系数变化遵循一定规律。在注水系统中，阀门开度很少达到0.1，因此，借鉴开度0.2～1.0的实验数据，通过数据插值方法得到其它公称直径阀门的阻力系数变化关系。

将阀门开度分为10级，提取同一开度下不同公称直径阀门对应的阀门阻力系数，数据见表2-3。

表2-3　同一开度下不同公称直径阀门对应的阻力系数

公称直径/mm	阀门开度								
	0.2	0.3	0.4	0.5	0.6	0.7	0.8	0.9	1.0
DN100	48.5156	23.4976	12.4955	7.2893	4.5759	3.0419	2.1159	1.5266	1.1350
DN150	36.6407	16.1502	8.8312	5.4777	3.6900	2.6348	1.9645	1.5146	1.1992
DN200	30.7069	11.7694	6.2681	3.9271	2.7094	1.9921	1.5323	1.2190	0.9953
DN300	20.4228	9.9647	5.6531	3.5549	2.4034	1.7138	1.2728	0.9760	0.7680
DN400	14.4980	7.3118	4.2345	2.7025	1.8482	1.3303	0.9957	0.7687	0.6085

将表2-3中提供的同一开度下不同公称直径阀门阻力系数各点用直线连接，可以得到图2-12所示的关系曲线。

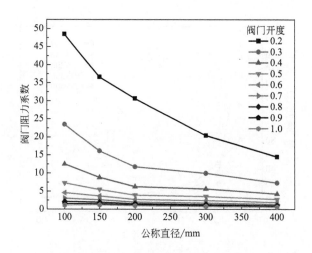

图2-12　同一开度下阀门的阻力系数与公称直径的关系折线图

分析图2-12中各条曲线的走势特征，阀门开度为0.2～0.5时曲线的变化具有降幂函数的特点，因此，采用二阶降幂函数进行数据拟合。拟合函数的曲线方程为：$\xi = \xi_0 + A_1 e^{-D/t_1} + A_2 e^{-D/t_2}$ （其中，D 为阀门的公称直径），拟合结果见图 2-13。

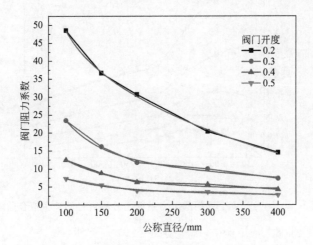

图 2-13　同一开度下阀门的阻力系数与公称直径的关系拟合曲线

各条阀门阻力拟合曲线方程参数见表 2-4。

表 2-4　阀门开度为 0.2~0.5 时的拟合曲线参数

阀门开度	ξ_0	A_1	t_1	A_2	t_2
0.2	−2.39657	158.30052	30.14684	62.80906	302.00601
0.3	−2.58319	18.5672	660.92166	81.91103	47.94008
0.4	4.41385	14.51911	78.23812	14.51911	78.23822
0.5	1.23018	3.87339	440.79483	16.32396	59.11635

由于阀门开度超过 0.6 以后，公称直径与阀门阻力系数的关系曲线明显带有两段曲线的特征，很难用一条曲线实现良好的拟合，因此，对这些曲线采用分段拟合，可以获得良好的效果。以 $DN200$ 为分界点，左右段分别采用二次多项式拟合。拟合方程为：$\xi = a + bD + cD^2$ （其中，D 为阀门的公称直径），拟合曲线图见图 2-14，拟合方程的参数见表 2-5。

根据上面得到的不同开度下阀门阻力系数与公称直径关系的拟合曲线，可以确定注水管网中所使用的几种公称直径阀门在不同开度下的阻力系数（$DN100$、$DN150$ 和 $DN200$ 阀门也是注水系统常用阀门，前面已经给出曲线方程，此处不包括其中），数据见表 2-6。根据该表数据绘制注水阀门在不同开度下的阀门阻

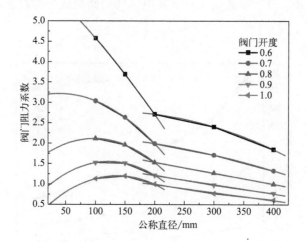

图 2-14　同一开度下阀门的阻力系数与公称直径的关系拟合曲线

力系数曲线，见图 2-15。

表 2-5　阀门开度为 0.6～1.0 时的拟合曲线参数

阀门	左段			右段		
开度	a	b	c	a	b	c
0.6	6.06381	-0.01298	-1.89393×10^{-5}	2.57339	0.00317	-1.24641×10^{-5}
0.7	3.14944	0.00364	-4.71176×10^{-5}	2.23297	-1.5178×10^{-4}	-5.26211×10^{-6}
0.8	1.57618	0.01102	-5.61705×10^{-5}	2.07185	-0.00268	0
0.9	0.70002	0.01394	-5.67148×10^{-5}	1.66329	-0.00225	0
1.0	0.20274	0.01468	-5.3603×10^{-5}	1.37076	-0.00193	0

表 2-6　不同开度下不同公称直径阀门对应的阻力系数

公称直	阀门开度								
径/mm	0.2	0.3	0.4	0.5	0.6	0.7	0.8	0.9	1.0
$DN50$	80.9719	43.49722	19.73967	11.69475	5.36746	3.21365	1.98675	1.25523	0.80273
$DN65$	66.57717	35.35549	17.06587	10.00886	5.14009	3.18697	2.05516	1.3665	0.93047
$DN80$	56.93905	29.30609	14.85855	8.67873	4.9042	3.13909	2.09829	1.45225	1.03408
$DN250$	25.09129	10.58153	5.60301	3.66472	1.6351	1.11459	0.82052	0.64034	0.52255
$DN350$	17.31598	8.40562	4.74509	3.02486	-0.79925	-1.34847	-1.44771	-1.36854	-1.22563

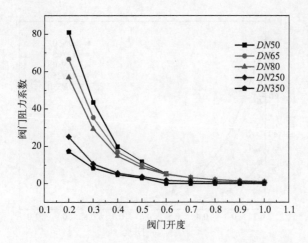

图 2-15　不同公称直径阀门阻力系数与开度关系折线图

分析图 2-15 中曲线的变化特点，采用修正的 Hoer1 模型，利用 CXPTW 软件进行曲线拟合，得到不同公称直径阀门的拟合方程，见表 2-7，拟合曲线见图 2-16。

表 2-7　阀门阻力系数方程

管径/mm	拟合方程
$DN50$	$\xi = 1.80113 \times 0.44514^{1/k} k^{-4.8793}$
$DN65$	$\xi = 1.77624 \times 0.50966^{1/k} k^{-4.3457}$
$DN80$	$\xi = 1.71435 \times 0.58960^{1/k} k^{-3.8179}$
$DN250$	$\xi = 0.62260 \times 0.81512^{1/k} k^{-2.9313}$
$DN350$	$\xi = 0.35006 \times 0.46872^{1/k} k^{-4.7762}$

2.2.3.4　阀门的当量化处理

为了建立通用的仿真模拟模型，将阀门和安装阀门的管线看成一特殊管线，将阀门进行当量化处理成附加管线，将附加管线的长度累加到安装阀门的管线上，这样可以保证管线单元的数量不变，只是长度发生了变化。

阀门的局部阻力损失为：

$$\Delta p = \xi \frac{v^2}{2g} \tag{2-28}$$

如果普通水管线压降模型采用式（2-16），那么有：

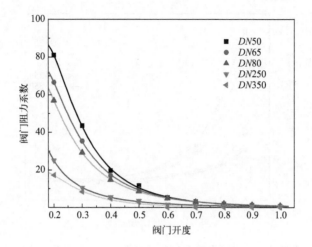

图 2-16　不同公称直径阀门阻力系数与开度关系拟合曲线

$$\Delta p = \xi \frac{v^2}{2g} = \xi \frac{8Q^2}{\pi^2 d^4 g} = \frac{Q^\alpha L_d}{\overline{K}^2}$$

在普通水管线压降模型中，通常取 $\alpha = 2$，所以，阀门的当量化附加管线长度为：

$$L_d = \frac{8\xi \overline{K}^2}{\pi^2 d^4 g} \tag{2-29}$$

如果普通水管线压降模型采用式(2-18)，那么有：

$$\Delta p = \xi \frac{v^2}{2g} = \lambda \frac{L_d}{d} \times \frac{v^2}{2g}$$

所以，阀门的当量化附加管线长度为：

$$L_d = \xi \frac{d}{\lambda} \tag{2-30}$$

如果是热水管线，阀门的当量化附加管线长度在式(2-29)的基础上加上一个温度修正系数 C_t，即：

$$L_d = C_t \frac{8\xi \overline{K}^2}{\pi^2 d^4 g} \tag{2-31}$$

因此，安装阀门的管线，其计算管线长度为：

$$L_s = L + L_d \tag{2-32}$$

2.3 注水管网系统仿真模型

2.3.1 仿真模型的构建

式(2-17)、式(2-20)、式(2-22)和式(2-26)提供了用单元 i 两节点之间压力损失和温度损失来计算管元流量的方法，规定流体由 k 流向 j 时，管道流量为正，设 Q_k^i 为单元 i 连接于节点 k 的节点流量。Q_j^i 为单元 i 连接于节点 j 的节点流量。假定从节点流出流量为正，则

$$\begin{cases} Q_k^i = K_p^i \Delta p^i = K_p^i (p_k - p_j) \\ Q_j^i = -K_p^i \Delta p^i = -K_p^i (p_k - p_j) \end{cases} \tag{2-33}$$

式中　K_p^i ——管元 i 的压力系数，当采用不同的单元模型时，K_p^i 可取 K_{pe}^i、K_{pd}^i、K_{ph}^i。

以矩阵形式表示为：

$$\begin{Bmatrix} Q_k^i \\ Q_j^i \end{Bmatrix} = K_p^i \begin{bmatrix} +1 & -1 \\ -1 & +1 \end{bmatrix} \begin{Bmatrix} p_k^i \\ p_j^i \end{Bmatrix} \tag{2-34}$$

或者

$$\begin{cases} Q_k^i = K_J^i \Delta J^i = K_J^i (J_k - J_j) \\ Q_j^i = -K_J^i \Delta J^i = -K_J^i (J_k - J_j) \end{cases} \tag{2-35}$$

式中　K_J^i ——管元 i 的温度系数。

以矩阵形式表示为：

$$\begin{Bmatrix} Q_k^i \\ Q_j^i \end{Bmatrix} = K_J^i \begin{bmatrix} +1 & -1 \\ -1 & +1 \end{bmatrix} \begin{Bmatrix} J_k^i \\ J_j^i \end{Bmatrix} \tag{2-36}$$

对管网中的所有单元建立上述单元矩阵方程后，根据节点流量平衡原理，对管网中的每个节点建立节点连续性方程，即连接此节点的所有单元从节点流出流量之和等于输入该节点的流量（若是消耗则为负值），如图2-17所示，对任一节点 m 有：

$$\sum_{i=1}^{N} Q_m^i = C_m \tag{2-37}$$

式中　$\sum$ ——对节点 m 有贡献的所有 N 个管线单元求和；

　　　C_m ——节点 m 的输入流量。

例如，对于图2-18中注水管网节点2，满足节点连续性方程：

$$Q_2^1 + Q_2^3 + Q_2^5 = C_2 \tag{2-38}$$

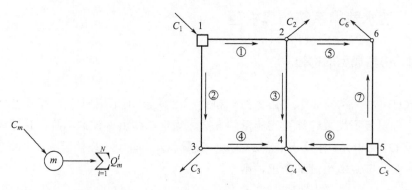

图 2-17 节点的流量平衡 图 2-18 注水管网图

在节点 2 上有①、③、⑤共三个单元与之相连。每个单元的特征矩阵方程为：

单元① $\begin{Bmatrix} Q_1^1 \\ Q_2^1 \end{Bmatrix} = K_p^1 \begin{bmatrix} +1 & -1 \\ -1 & +1 \end{bmatrix} \begin{Bmatrix} p_1 \\ p_2 \end{Bmatrix}$ 或 $\begin{Bmatrix} Q_1^1 \\ Q_2^1 \end{Bmatrix} = K_J^1 \begin{bmatrix} +1 & -1 \\ -1 & +1 \end{bmatrix} \begin{Bmatrix} J_1 \\ J_2 \end{Bmatrix}$

单元③ $\begin{Bmatrix} Q_2^3 \\ Q_4^3 \end{Bmatrix} = K_p^3 \begin{bmatrix} +1 & -1 \\ -1 & +1 \end{bmatrix} \begin{Bmatrix} p_2 \\ p_4 \end{Bmatrix}$ 或 $\begin{Bmatrix} Q_2^3 \\ Q_4^3 \end{Bmatrix} = K_J^3 \begin{bmatrix} +1 & -1 \\ -1 & +1 \end{bmatrix} \begin{Bmatrix} J_2 \\ J_4 \end{Bmatrix}$

单元⑤ $\begin{Bmatrix} Q_2^5 \\ Q_6^5 \end{Bmatrix} = K_p^5 \begin{bmatrix} +1 & -1 \\ -1 & +1 \end{bmatrix} \begin{Bmatrix} p_2 \\ p_6 \end{Bmatrix}$ 或 $\begin{Bmatrix} Q_2^5 \\ Q_6^5 \end{Bmatrix} = K_J^5 \begin{bmatrix} +1 & -1 \\ -1 & +1 \end{bmatrix} \begin{Bmatrix} J_2 \\ J_6 \end{Bmatrix}$

考虑从节点流出的流量为正，有

$$
\left. \begin{aligned}
Q_2^1 &= -K_p^1(p_1 - p_2) \\
Q_2^3 &= +K_p^3(p_2 - p_4) \\
Q_2^5 &= +K_p^5(p_2 - p_6)
\end{aligned} \right\}
\quad 或 \quad
\left. \begin{aligned}
Q_2^1 &= -K_J^1(J_1 - J_2) \\
Q_2^3 &= +K_J^3(J_2 - J_4) \\
Q_2^5 &= +K_J^5(J_2 - J_6)
\end{aligned} \right\}
\qquad (2\text{-}39)
$$

将式(2-39)代入式(2-38)得：

$$- K_p^1 p_1 + (K_p^1 + K_p^3 + K_p^5)p_2 - K_p^3 p_4 - K_p^5 p_6 = C_2 \qquad (2\text{-}40)$$

或者

$$- K_J^1 J_1 + (K_J^1 + K_J^3 + K_J^5)J_2 - K_J^3 J_4 - K_J^5 J_6 = C_2 \qquad (2\text{-}41)$$

式(2-40)或式(2-41)就是总体方程组的一个。对管网中每个节点用上述方法建立平衡都可得到这样的方程，把所有节点平衡方程拼装在一起就构成了管网系统总体方程组。对于图 2-18 所示的管网系统，总体方程组如下：

$$
\begin{bmatrix}
K_p^1+K_p^2 & -K_p^1 & -K_p^2 & 0 & 0 & 0 \\
-K_p^1 & K_p^1+K_p^3+K_p^5 & 0 & -K_p^3 & 0 & -K_p^5 \\
-K_p^2 & 0 & K_p^2+K_p^4 & -K_p^4 & 0 & 0 \\
0 & -K_p^3 & -K_p^4 & K_p^3+K_p^4+K_p^6 & -K_p^6 & 0 \\
0 & 0 & 0 & -K_p^6 & K_p^6+K_p^7 & -K_p^7 \\
0 & -K_p^5 & 0 & 0 & -K_p^7 & K_p^5+K_p^7
\end{bmatrix}
\cdot
\begin{Bmatrix} p_1 \\ p_2 \\ p_3 \\ p_4 \\ p_5 \\ p_6 \end{Bmatrix}
=
\begin{Bmatrix} C_1 \\ C_2 \\ C_3 \\ C_4 \\ C_5 \\ C_6 \end{Bmatrix}
$$

或

$$
\begin{bmatrix}
K_J^1+K_J^2 & -K_J^1 & -K_J^2 & 0 & 0 & 0 \\
-K_J^1 & K_J^1+K_J^3+K_J^5 & 0 & -K_J^3 & 0 & -K_J^5 \\
-K_J^2 & 0 & K_J^2+K_J^4 & -K_J^4 & 0 & 0 \\
0 & -K_J^3 & -K_J^4 & K_J^3+K_J^4+K_J^6 & -K_J^6 & 0 \\
0 & 0 & 0 & -K_J^6 & K_J^6+K_J^7 & -K_J^7 \\
0 & -K_J^5 & 0 & 0 & -K_J^7 & K_J^5+K_J^7
\end{bmatrix}
\cdot
\begin{Bmatrix} J_1 \\ J_2 \\ J_3 \\ J_4 \\ J_5 \\ J_6 \end{Bmatrix}
=
\begin{Bmatrix} C_1 \\ C_2 \\ C_3 \\ C_4 \\ C_5 \\ C_6 \end{Bmatrix}
$$

$$(2\text{-}42)$$

上式记为缩写形式：

$$\boldsymbol{K}_p \cdot \boldsymbol{p} = \boldsymbol{C} \quad \text{或者} \quad \boldsymbol{K}_J \cdot \boldsymbol{J} = \boldsymbol{C} \tag{2-43}$$

式中　$\boldsymbol{K}_p$——管网的压力特性矩阵；

　　　$\boldsymbol{p}$——管网的压力矢量；

　　　$\boldsymbol{K}_J$——管网的温度特性矩阵；

　　　$\boldsymbol{J}$——管网的温度变换矢量；

　　　$\boldsymbol{C}$——管网的输入矢量。

式（2-43）就是所建立的油田注水管网系统总体方程组（包括水力方程组和热力方程组），即仿真模型。

2.3.2　特性矩阵 K 的特点

见式（2-34）或式（2-36），单元矩阵为一对称矩阵。每个单元有两个连接点，故有 4 个特性值。分析单元⑤，两端连接节点 2 和节点 6，它的特性值如表 2-8 所示。由于单元⑤和其他节点不相连，故对表中其他行列的元素贡献为零。

然后，把特性值分别加到矩阵中（2，2）、（2，6）、（6，2）和（6，6）的位置上，即叠加到与单元⑤相对应的行与列的交点上。每个单元都把特性值叠加到它所联系的节点对应行的交点上，就合成为式（2-43）的特性矩阵 **K**（包括 $\boldsymbol{K}_p$ 和 $\boldsymbol{K}_J$）。

表 2-8　矩阵 K 的特性值

项目	节点 1	节点 2	节点 3	节点 4	节点 5	节点 6
节点 1	0	0	0	0	0	0
节点 2	0	$+K^5$	0	0	0	$-K^5$
节点 3	0	0	0	0	0	0
节点 4	0	0	0	0	0	0
节点 5	0	0	0	0	0	0
节点 6	0	$-K^5$	0	0	0	$+K^5$

分析特性矩阵 K，其特点如下：

① 两个任意节点 j 与 k，如果它们之间互不相连，则它们对 (j,k) 和 (k,j) 都不做贡献，即贡献为零。由此可知，仅当管网中所有节点都连接在一起时矩阵 K 才是满阵。事实上，对于油田流体管网系统，矩阵 K 是稀疏矩阵。

② 无论何时，只要对位置 (j,k) 上的系数有贡献，那么对它的对称位置 (k,j) 一定做同样的贡献，所以矩阵 K 是对称矩阵。可以根据特性矩阵 K 的这一特点，在进行大型管网系统计算时，只存储包括主对角线在内的上三角阵或下三角阵中的系数，这样可以大大节省计算机的内存，提高计算速度。

③ 主对角线元素都为正值，非主对角线元素皆为负值，并且主对角线元素等于该行非主对角线元素绝对值之和。

④ 如果对特性矩阵 K 实施初等变换，我们会发现，总能使矩阵任意一行元素都为零，也就是说，对于一个节点数为 n 的管网系统，其特性矩阵 K 为 $n \times n$ 维，但它的秩为 $n-1$，也就是说，n 个方程组成的总体方程组（2-43）有 $n-1$ 个方程是独立的，故特性矩阵 K 为奇异矩阵。

2.3.3　仿真模型的解算

由式(2-17)、式(2-20)、式(2-22)和式(2-26)可知，特性矩阵 K 中的每个元素和节点的压力变量 p 或者温度转化变量 J 是非线性关系，所以仿真模型是一个非线性的方程组。解非线性方程组常用的方法有：简单迭代法、牛顿法和拟牛顿法。简单迭代法的概念清楚，过程简单，不限制迭代初值的选取，具有线性收敛速度。牛顿法的基本思想是将非线性方程组逐次线性化，从而形成迭代算法。具有平方收敛速度，收敛速度快，但是每次迭代过程都要计算函数的偏导数和求矩阵的逆运算，实现比较繁琐，而偏导数又无法用解析式表达，只能用差分的方法近似给出，影响计算的精度；拟牛顿法介于二者之间，在计算过程中，用矩阵递推关系式来近似代替牛顿法中的导数计算,克服了牛顿法需要求导、求逆等缺点,具有超线性收敛速度。

通过对各系统仿真模型的解算,发现在计算规模较小的管网时,采用牛顿法和拟牛顿法尚可体现出一定优势,但是随着管网节点数目的增多,简单迭代法表现出了良好的计算性能,通用性强,对环状管网或枝状管网或环状和枝状混合管网都适用,并且算法原理简单,编程易于实现,虽然其只有线性收敛速度,但是随着计算机性能的提高,在解算大管网时其计算速度并不逊色于牛顿法和拟牛顿法,而且计算结果满足注水管网系统的生产需求,所以采用简单迭代法对仿真模型进行计算。

2.3.3.1 管网简化

由于油田注水管网是个大型管网系统,系统中节点数目达 2000 多个,在应用简单迭代法计算之前,要对管网系统进行必要的简化,具体简化方法如下:

① 注水井节点简化 对注水井节点进行简化就是将注水井节点的输入流量简化到与之相连的上一个配水间节点或中间节点。

② 配水间节点简化 对配水间节点进行简化就是将配水间节点的输入流量(由注水井节点简化而来)简化到与之相连的上一个中间节点。

例如,图 2-19 所示的注水管网中,共有 30 个节点,其中有 2 个注水站节点、2 个配水间节点、15 个注水井节点和 11 个中间节点。简化前管网系统总体方程组由 30 个方程组成,管网特性矩阵 K 为 30×30 矩阵,管网的输入流量 C 由前述方法确定:对于图中的节点 14,有 $C_{14} = 0$;节点 3,有 $C_3 = 0$。

首先对管网中的注水井节点进行简化,见图 2-20,简化后管网由 15 个节点组成,对于图中的节点 14,有 $C_{14} = C_{15} + C_{16}$;节点 3,有 $C_3 = C_{17}$。

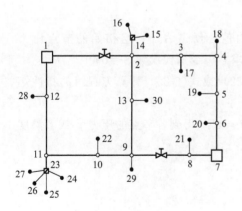

图 2-19 简化前的管网

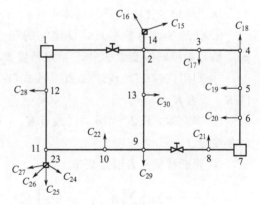

图 2-20 注水井节点简化后的管网

然后对管网中的配水间节点进行简化，见图 2-21，管网由 13 个节点组成，对于图中的节点 2，有 $C_2 = C_{14} = C_{15} + C_{16}$。

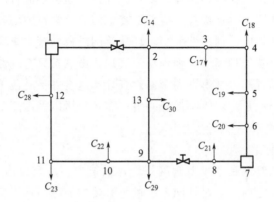

图 2-21　配水间节点简化后的管网

通过对图 2-19 所示管网的简化过程可以看出：经过简化，管网系统中的节点数由最初的 30 个降为最终的 13 个，即管网系统总体方程的维数由 30 维降为 13 维，特性矩阵 K 由 30×30 矩阵降为 13×13 矩阵。这样可以在计算过程中，节省大量的计算机内存、简化计算过程、提高机器的运行速度。

2.3.3.2　模型解算步骤

由于管网系统的特性矩阵是一个奇异矩阵，对于一个简化后有 n 个节点的注水管网系统，系统总体方程组中有 $n-1$ 个独立的节点平衡方程，它待求的独立变量数只能有 $n-1$ 个。为此首先必须任选一个节点作参考点，并设定该点的压力值。

采用简单迭代法计算的具体步骤如下：

① 任选一点为参考点，设定它的压力值，预先估计一组初始的节点压力 $\boldsymbol{p}^{(0)}$ 或者温度转换变量 $\boldsymbol{J}^{(0)}$，给定精度要求 ε，令迭代次数 $S=0$；

② 利用式（2-17）或式（2-20）或式（2-22）或式（2-26）计算方程组的特性矩阵 $\boldsymbol{K}_p$ 或者 $\boldsymbol{K}_J$；

③ 解总体方程 $\boldsymbol{K}_p \cdot \boldsymbol{p} = \boldsymbol{C}$ 或者 $\boldsymbol{K}_J \cdot \boldsymbol{J} = \boldsymbol{C}$，得到各节点的压力 $\boldsymbol{p}$ 或者温度转换变量 $\boldsymbol{J}$；

④ 判断精度是否满足要求：

$$\max \left| \sum_{j=1}^{n} K_{mj} p_j - C_m \right| < \varepsilon, \quad m = 1, 2, \cdots, n-1$$

或者

$$\max \left| \sum_{j=1}^{n} K_{mj} J_j - C_m \right| < \varepsilon, \quad m = 1, 2, \cdots, n-1$$

是则做⑥，否则做⑤；

⑤ $S+1 \Rightarrow S$，令 $\boldsymbol{p} \Rightarrow \boldsymbol{p}^{(0)}$ 或者 $\boldsymbol{J} \Rightarrow \boldsymbol{J}^{(0)}$，再转向②；

⑥ 令 $\boldsymbol{p}^* = \boldsymbol{p}$ 或者 $\boldsymbol{J}^* = \boldsymbol{J}$［根据公式(2-25)的转换关系求出温度 $\boldsymbol{T}$］，并结束迭代。

相对于参考点的压力值计算出的各节点的压力值不一定能满足系统服务质量的要求。可以证明：所有节点的压力值同时增加或减小相同的分量，其结果仍是方程式(2-43)的解。利用这一性质，以相对于参考点的压力值计算出的各节点的压力值为基础，根据系统的服务质量要求，可以计算出满足服务质量要求的所有节点最低允许压力值 $p_m^d (m=1, 2, \cdots, n)$，由下式计算：

$$p_m^d = p_m + \max_{1 \leqslant m \leqslant n} (p_{pm} - p_m) \tag{2-44}$$

式中　p_m——计算出的相对于参考点压力的第 m 个节点的压力值；

　　　p_{pm}——节点 m 的配注压力。

2.4　油田注水管网病态参数修正

油田注水管网系统地下管网经过长时间运行，其内部会出现管壁腐蚀、结垢、堵塞和挤压变形，进而导致管网内部管段内径和摩阻系数改变。如果按照原始设计参数建立油田注水管网仿真优化的数学模型将导致与工程实际不符合，进而导致仿真计算结果与工程实际测量结果有较大差异，最后导致油田注水管网技术改造以及生产优化调度失败。因此必须根据工程实际情况对管网的病态参数进行修正，其实质为油田注水管网的参数反演问题。

油田注水管网参数反演问题就是在管网有限个节点处压力测量值已知情况下，寻找合适的逆向反演求解优化算法估算出病态管网系统的当量参数（主要包括管段内径、管段长度和管段内壁摩阻系数），从而为油田注水管网仿真优化计算提供正确的仿真建模数据。但由于油田注水管网系统结构复杂、参数众多，其所建立的大型、复杂非线性方程包含众多变量，但仅通过非线性方程组不可能将全部变量一一求出，因此本书仅针对管段内壁摩阻系数这一变量进行参数反演。在工程实际中，影响管网仿真计算和优化调度的主要因素为管段内径、管段长度和管段内壁的摩阻系数。但由于管段长度在生产运行过程中长度几乎不变，因此主要考虑管段内径和管段内壁摩阻系数对管网的影响。长期使用的管网，其内径和摩阻系数均有较大变化，而且各管段的参数各异，无法精确测量其参数。本书采用控制变量法，将管网内径的变化归结为内部摩阻系数的变化，而管网内径采用原始设计内径。这样就将油田注水管网病态参数修正问题归结为管网内壁摩阻系数反演问题。

2.4.1 油田注水管网参数反演的数学模型建立

理想情况下，若管网其它参数已知，摩阻系数可以通过在各个节点设置压力传感器测取各管段两端压力差来进行反演求解。但实际上由于受投资成本及现场实际情况制约，油田注水系统一般只有泵站出口和注水井入口有压力流量测试装置，而管网中间绝大部分节点都没有设置测试装置，但可根据情况在关键节点设置压力传感器。为了对管网的实际摩阻系数进行反演求解，需要解决两个问题：一是反演方程的建立及求解，二是有限压力测试点的分布规律研究。

针对油田注水管网反演方程的建立及求解问题，需对注水管网总体方程进行分析。为不失一般性，假设有 y 个节点测试值压力已知 p_1^0, p_2^0, $\cdots$, p_y^0, 且 $y < n$。以摩阻系数为研究对象，建立注水管网反演数学模型。模型建立时，首先需要考虑有部分节点压力未知，从而与之相连的管段摩阻系数的精度不能保障，因此在建立反演模型时应避开节点压力未知节点；同时考虑到仿真数学模型结构和管网系统实际工况、流量、压力、摩阻系数等多种约束条件共同作用，以压力为突破口，建立油田注水管网摩阻系数反演目标函数模型如下：

$$\min\phi(\boldsymbol{n}) = \frac{1}{2}\sum_{i=1}^{y}(p_i^p - p_i^o)^2 + W_F \parallel F \parallel_2 \tag{2-45}$$

式中　$\boldsymbol{n}$ ——管网系统中管段摩阻系数向量；

　　　p_i^p ——节点 i 压力的估计值，即算法在该次迭代计算中节点 i 的计算压力；

　　　p_i^o ——压力监测点的压力测量值；

　　　W_F ——对应的权重；

　　　$\parallel F \parallel_2$ —— F 的二范数。

F 为油田注水管网总体方程式(2-43) 的变形：

$$F = K_p p - C = 0 \tag{2-46}$$

目标函数的边界条件为：

$$n_{\min} \leqslant n \leqslant n_{\max} \tag{2-47}$$

2.4.2 管网压力监测点的分布规律

针对有限压力测试点的分布规律研究问题，需建立数学模型，对压力监测点进行选择。油田注水管网系统压力检测点决策问题的目标之一是从减少测量误差出发，即使式(2-48) 极小。

$$\min JJ_1 = \min\{\max_{1\leqslant ii\leqslant N_c}\max_{j\in BB_{ii}} \mid p_{jj} - p_{ii} \mid\} \tag{2-48}$$

式中 BB_{ii}——第 n 个压力检测点集结区域节点的集合；

P_{ii}——第 n 个集结区域所设置的压力检测点的压力值；

P_{jj}——集结区域中第 jj 个节点的压力值；

N_c——集结区域的总数。

易于证明检测点数量越多，式(2-48)的值就会越小，测量误差随之越小。但是压力检测点数量的增多，伴随着投资成本的增加。因此，压力检测点决策问题的目标之二是从投资成本角度分析，即式(2-49)极小。

$$\min JJ_2 = \min e N_c \qquad (2\text{-}49)$$

式中 e——单个压力检测点的投资成本。

通过加权因子将两个目标加权为一个总体目标，即式(2-50)：

$$\min JJ = \min (JJ_1 + w JJ_2), \ \mathrm{s.t.} \ 0 \leqslant N_c \leqslant N_m \qquad (2\text{-}50)$$

式中 w——决策者主观意愿的加权因子；

N_m——压力检测点最大数目，由项目资金决定。

油田注水管网压力检测点布置主要分为两类，一类为供水泵站必须安置检测点，另一类为泵站以外的节点，需将其划分集结区域，选取有代表性的压力检测点。针对集结区域希望用检测点压力测量值代替集结区域压力值，同时满足误差在允许范围内。因此采用节点压力差作为衡量对策，通过聚类分析，建立模糊矩阵，将压力检测点分类。

管网任意两节点之间压差如下：

$$X_m(j, \ k) = | p_j - p_k | \qquad (2\text{-}51)$$

式中 $X_m(j, \ k)$——节点 j 和节点 k 之间的压差。

利用公式(2-51)求出所有节点之间的压差，建立压差矩阵 $[\boldsymbol{X}_m]_{n \times n}$，根据式(2-52)对压差矩阵 $[\boldsymbol{X}_m]_{n \times n}$ 进行改造，建立压差模糊矩阵 $[\boldsymbol{X}_m']_{n \times n}$。

$$X_m'(i, \ g) = \frac{X_m(i, \ g) - X_{m_{g\,\min}}}{X_{m_{g\,\max}} - X_{m_{g\,\min}}} \qquad (2\text{-}52)$$

式中 $X_{m_{g\,\min}}$——$[\boldsymbol{X}_m]_{n \times n}$ 中第 g 列中最小的元素；

$X_{m_{g\,\max}}$——$[\boldsymbol{X}_m]_{n \times n}$ 中第 g 列中最大的元素。

依据式(2-53)绝对指数法对压差模糊矩阵 $[\boldsymbol{X}_m']_{n \times n}$ 改造，建立压差模糊相似矩阵 $[\boldsymbol{R}]_{n \times n}$。

$$r(j, \ k) = \exp \left\{ - \sum_{k=1}^{n} | X_m'(j, \ g) - X_m'(k, \ g) | \right\} \qquad (2\text{-}53)$$

式中 $r(j, \ k)$——节点 j 与节点 k 之间的绝对指数距离；

$X_m'(j, \ g)$——$[\boldsymbol{X}_m']_{n \times n}$ 第 j 行 g 列的元素；

$X_m'(k, \ g)$——$[\boldsymbol{X}_m']_{n \times n}$ 第 k 行 g 列的元素。

依据最大树法对 $[\boldsymbol{R}]_{n \times n}$ 进行模糊聚类分析，得出管网节点聚类分析结果，依据公式(2-50)选出最优分类，确定压力检测点个数。

最优分类确定后，需确定每组中压力检测点位置。利用式(2-54)、式(2-55)确定每组的平均欧氏距离，选取最小平均欧氏距离的节点作为每组压力检测点。

$$\overline{r}_j = \frac{1}{n'-1} \sum_{\substack{j=1 \\ j \neq k}}^{n} r(j, k) \tag{2-54}$$

式中　n'——每组分类的节点总数；

　　　$\overline{r}_j$——节点 j 与其余 $n'-1$ 个节点的平均欧氏距离。

$$\overline{r}_{\min} = \min\{\overline{r}_j\} \tag{2-55}$$

式中　$\overline{r}_{\min}$——最小平均欧氏距离。

2.4.3　基于粒子群算法的油田注水管网摩阻系数反演

粒子群算法由 Russell Eberhart 和 James Kennedy 于 1995 年提出。该算法是以鸟群觅食行为为研究对象，对其进行仿真建模研究，进而提出的一种群体智能优化技术。粒子群算法程序简单、全局搜索能力较强、计算效率高，因而一经提出便引起优化及进化领域专家、学者们的广泛关注，并且在科学研究和社会工程实践中广泛应用。目前，粒子群算法在神经网络训练、模式识别、模糊控制和函数优化方面应用广泛。下面将粒子群算法应用于油田注水管网摩阻系数反演问题中，以实际油田注水管网为依据，对粒子群算法进行深入探讨。

2.4.3.1　粒子群算法概述

粒子群算法是受鸟类觅食行为的启发，并对其进行模仿。首先，将优化问题的搜索空间类比于鸟群的飞行区域。其次，将鸟群中的每个个体抽象为一个无质量、无体积的粒子，用来代表优化问题的一个可行解。最后，将优化问题的最优解比作鸟群所寻找的食物源。粒子群算法以鸟类运动的规则为依据，为每个粒子制定了简单的行为规则。这样整个粒子群的运动和鸟类觅食特性相似，智能优化问题的每个潜在解都是粒子群算法搜索空间中的一个粒子，所有粒子都有一个由目标函数和边界条件决定的适应度值，每个粒子的飞行方向和距离由其速度决定。所有粒子与鸟群搜寻食物源相似，追寻当前最优粒子在其解空间内搜索，从而实现对复杂问题的优化求解。

2.4.3.2　粒子群算法及其改进

假设搜索空间为 A 维，种群 size 为 B。其第 i 个粒子代表一个 A 维的向量：

$$\boldsymbol{X}_i = (x_{i1}, x_{i2}, \cdots, x_{iB}), \ i = 1, 2, \cdots, B \tag{2-56}$$

而该粒子的速度也是一个 A 维向量：

$$\boldsymbol{V}_i = (v_{i1}, v_{i2}, \cdots, v_{iB}), \ i = 1, 2, \cdots, B \tag{2-57}$$

第 i 个粒子搜索到的最优位置为个体极值，记为：

$$p_{best} = (p_{i1}, p_{i2}, \cdots, p_{iB}), \quad i = 1, 2, \cdots, B \tag{2-58}$$

整个粒子群迄今为止所搜索到的最优位置为全局极值，记为：

$$g_{best} = (g_1, g_2, \cdots, g_B) \tag{2-59}$$

在迭代寻优过程中，粒子根据式（2-60）和式（2-61）来更新自己的位置和速度：

$$v_{ij}(t+1) = v_{ij}(t) + c_1 r_1(t)[p_{ij}(t) - x_{ij}(t)] + c_2 r_2(t)[p_{gj}(t) - x_{ij}(t)] \tag{2-60}$$

$$x_{ij}(t+1) = x_{ij}(t) + v_{ij}(t+1) \tag{2-61}$$

式中　c_1，c_2——学习因子，也可以称作加速常数；

　　　r_1，r_2——均匀随机数，其范围为 $[0, 1]$；

　　　v_{ij}——粒子的速度，其范围为 $[-v_{max}, v_{max}]$，其中 v_{max} 是由用户设定的常数，其作用为限制粒子的速度。

粒子群算法中全局搜索能力和局部搜索能力的比例对迭代寻优求解极为重要。针对上述问题将惯性权重引入粒子群算法，对粒子群算法进行了改进。该改进使得粒子群算法在迭代寻优过程中有较好的收敛性，其进化过程为：

$$v_{ij}(t+1) = w v_{ij}(t) + c_1 r_1(t)[p_{ij}(t) - x_{ij}(t)] + c_2 r_2(t)[p_{gj}(t) - x_{ij}(t)] \tag{2-62}$$

$$x_{ij}(t+1) = x_{ij}(t) + v_{ij}(t+1) \tag{2-63}$$

惯性权重 w 表示的是粒子保持先前速度的水平。基本粒子群算法中其惯性权重为固定值，改进粒子群算法采用线性递减惯性权重，起初给予粒子较大的惯性权重方便其进行全局搜索，随着时间的推移，减小惯性权重，便于粒子进行局部搜索。通过增加线性递减惯性权重对 PSO（粒子群算法）的改进，权衡了算法局部搜索和全局搜索的能力，提高了算法的性能。线性递减惯性权重公式如下：

$$w(x) = w_{cs} - (w_{cs} - w_{js})(M - x)/M \tag{2-64}$$

式中　w_{cs}——起始惯性权重，多次试验对比后 w_{cs} 取 0.85 效果比较好；

　　　w_{js}——最大迭代次数时的惯性权重，多次试验对比后 w_{js} 取 0.35 效果比较好；

　　　x——当前迭代次数 M 为最大迭代次数。

2.4.3.3　基于粒子群算法的摩阻系数反演实现步骤

采用粒子群算法对油田注水管网摩阻系数进行反演，其具体步骤如下：

① 初始化所有粒子。以管网的摩阻系数为优化求解变量即粒子的位置，根据摩阻系数确定搜索范围，在已知范围内初始化粒子群位置，确定种群规模、进化次数、随机粒子的速度和位置、种群的个体极值和全局极值。

② 调用目标函数 $\min\phi(n) = \dfrac{1}{2}\sum\limits_{i=1}^{y}$ $(p_i^p - p_i^o)^2 + W_F \parallel F \parallel_2$，计算种群适应度值。

③ 比较种群适应度值与个体极值大小，如果种群适应度值小于个体极值，则用种群适应度值替换个体极值。

④ 比较种群适应度值与全局极值大小，如果种群适应度值小于全局极值，则用种群适应度值替换全局极值。

⑤ 迭代更新种群粒子的位置和速度。

⑥ 对边界条件进行处理。

⑦ 判断此次迭代寻优是否满足终止条件，如果满足终止条件，则算法结束并输出最优解，否则，返回步骤②。

基于粒子群算法的摩阻系数反演运算流程如图 2-22 所示。

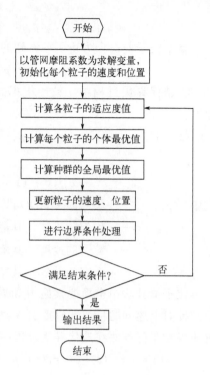

图 2-22　基于粒子群算法的摩阻系数反演运算流程图

2.4.4　基于模拟退火算法的油田注水管网摩阻系数反演

模拟退火算法（Simulated Annealing，SA）于 1953 年由 Metroplis 等提出，并于 1983 年由 Kirkpatrick 首次将模拟退火算法应用于最优化问题当中。模拟退火算法的迭代求解策略为基于 Monte Carlo 的随机寻优策略，它是以最优化问题的求解思路与物理学中固体物质的退火过程的相似为基础，利用 Metropolis 算法控制温度的下降过程进而实现模拟退火优化算法的求解。目前，模拟退火算法在工程实践中得到了广泛应用，诸如控制工程、生产优化调度、机器人学习、模式识别技术、BP 神经网络、图像处理技术和结构优化问题等领域。其优点在于能够高效处理优化组合问题和复杂函数寻优问题，并且适用范围广、计算效率高。

2.4.4.1　模拟退火算法概述

模拟退火算法是以智能优化问题的求解过程与固体物质物理退火过程之间的相似性为基础，其智能优化的目标函数相当于金属的内能，其智能优化问题自变量的状态空间相当于金属内能的状态空间，智能优化问题的求解就是寻求一个自变量的组合状态来使得目标函数的值最小。因此，模拟退火算法就是采用 Metropolis 算法以适当的手段控制温度的下降进而实现模拟退火物理过程，从而达到求解智能优化问题的目的。

模拟退火算法的退火过程和热力学原理相似，即在高温状态下，液体内部的分子之间进行着相对自由运动。当液体逐渐趋于冷却，热能原子可动性也逐渐消失。物质内部的原子自发排列成行，形成一个晶体，该晶体在各个方向上的排列均完全有序。对于此系统来说，其晶体的能量最低。但假如将液态金属迅速冷却，其冷却后不会形成晶体状态，只能形成能量较高的非结晶状态或者多晶体状态。因此，物理退火过程的本质为将液体金属缓慢冷却，进而有足够的冷却时间让金属内部原子在失去可动性之前重新排列，进而达到低能量状态。

2.4.4.2　模拟退火算法及其参数说明

模拟退火算法的理论依据源于金属退火原理，即将金属加热至温度足够高，再让其逐渐冷却。模拟退火算法与金属物理退火过程的相似关系如表 2-9 所示。

表 2-9　模拟退火算法与金属物理退火过程的相似关系

物理退火	模拟退火
粒子状态	解
能量最低态	最优解
溶解过程	设定初温
等温过程	Metropolis 采样过程
冷却	控制参数的下降
能量	目标函数

模拟退火算法是启发式随机搜索算法，采用 Metropolis 采样准则使算法逐渐收敛于局部最优解。Metropolis 算法中温度 T 控制着随机过程向局部或者全局最优解移动的快慢程度。Metropolis 算法为：系统从能量状态 E_1 变化到能量状态 E_2，其概率为：

$$p = \exp\left(-\frac{E_2 - E_1}{T}\right) \tag{2-65}$$

如果 $E_2 < E_1$，此状态被系统接收；否则，系统将以随机概率丢弃或者接收此状态。状态 2 被接收的概率为：

$$p(1 \rightarrow 2) = \begin{cases} 1, & E_2 < E_1 \\ \exp\left(-\dfrac{E_2 - E_1}{T}\right), & E_2 \geqslant E_1 \end{cases} \tag{2-66}$$

按照上述过程，系统经过一定迭代次数后，会逐渐趋于稳定分布状态。

模拟退火算法是从初始解开始，在初始温度 T 时经过计算求得智能优化问题的相对最优解。然后逐渐减小温度 T 的值，重复执行 Metropolis 算法，在温度 T 趋于零时，即可求得智能优化问题的最优解。

模拟退火算法可视为递减温度 T 时 Metropolis 算法的迭代，且控制参数——温度 T 的值必须是缓慢衰减。开始时温度 T 值比较大，可以接收迭代过程中较差的恶化解；随着温度 T 的逐步减小，算法只能接收迭代过程中较好的恶化解；当温度 T 趋于零时，算法不再接收恶化解，此时即可求得优化问题的最优解。

模拟退火算法的主要参数包括状态产生函数、初温、温度更新函数、Markov 链长度和算法停止准则。

① 状态产生函数的设计应该尽可能保证所产生的解遍布所有解空间。通常情况下，状态空间函数由产生候选解的方式和概率分布两部分组成。

② 温度 T 控制着模拟退火的走向，初温的值越大，获得高质量解的概率越大，然而过高的初温会导致计算量增加。因此，需要合理选择初温。

③ 温度更新函数即退温函数，可以用来修改迭代过程中温度的值。温度更新函数类型很多，通常采用指数温度更新函数，其表达式如式(2-67) 所示。

$$T(n+1)=KT(n), \quad 0<K<1 \tag{2-67}$$

④ Markov 链长度 L 是指在等温情况下算法进行迭代的次数，其选定原则为在控制参数 T 已确定的情况下，L 的选择应使得控制参数的每一次取值均能回复准平衡状态，通常情况下 L 取 $100 \sim 1000$。

⑤ 算法停止准则主要包括三种形式：迭代次数阈值、终止温度阈值和最优值搜索保持不变时算法停止。

2.4.4.3 基于模拟退火算法的摩阻系数反演实现步骤

采用模拟退火算法对油田注水管网摩阻系数进行反演，其具体步骤如下：

① 以管网的摩阻系数为优化求解变量，设置模拟退火算法的初始温度 T_0、算法迭代的初始解 X_0、各段温度 T 时的迭代次数 L。

② 调用目标函数 $\min \phi(n) = \dfrac{1}{2} \sum\limits_{i=1}^{y} (p_i^p - p_i^o)^2 + W_F \parallel F \parallel_2$。

③ 根据 Markov 链长度，令 $k = 1, \cdots, L$，重复进行第④~⑦步。

④ 迭代计算产生新解 X'。

⑤ 计算内能增量 $\Delta E = E(X') - E(X)$，其中 ΔE 为评价指标，$E(X)$ 为评价函数。

⑥ 如果内能增量 $\Delta E < 0$，则接收 X' 作为当前解；如果内能增量 $\Delta E > 0$，则以概率 $\exp(-\Delta E / T)$ 对新解 X' 进行接收。

⑦ 若满足算法停止准则，则将当前解作为最优解并输出，程序结束。

⑧ 逐渐减小温度 T 的值，且 $T \to 0$，然后跳转至第③步。

基于模拟退火算法的摩阻系数反演运算流程如图 2-23 所示。

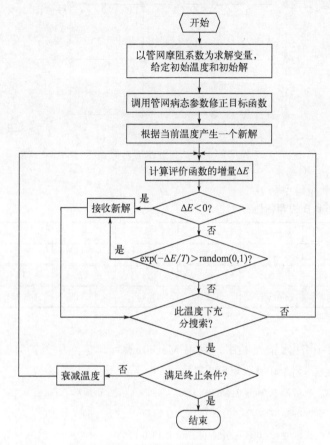

图 2-23　基于模拟退火算法的摩阻系数反演运算流程图

2.4.5　实例计算

2.4.5.1　粒子群算法对摩阻系数反演

如图 2-24 所示为某管网系统，该管网由 3 个供水泵站、15 个节点、20 个管段构成，其中节点 4、9、15 为泵站所在位置，其余为注水节点。该油田注水管网压力检测点布置主要分为两类，一类为供水泵站必须安置检测点，即节点 4、9、15 必须安置检测点；另一类为泵站以外的节点，即注水节点，需将其划分集结区域，选取有代表性的压力检测点。该管网提供了一组注水节点压力预估值如表 2-10 所示。

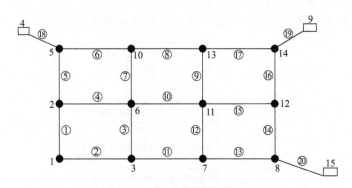

图 2-24　某油田注水管网简化图

表 2-10　注水节点压力预估值

节点编号	1	2	3	5	6	7
节点压力/m	53.967	56.503	52.605	57.696	54.644	50.000
节点编号	8	10	11	12	13	14
节点压力/m	64.589	56.294	51.417	55.099	56.282	59.574

按照表 2-10 注水节点顺序，利用 Matlab 编程，建立压差矩阵、压差模糊矩阵，最终建立压差模糊相似矩阵 $[\boldsymbol{R}]_{12\times12}$ 如下。

$$[\boldsymbol{R}]_{12\times12}=
\begin{bmatrix}
1.0000 & 0.0778 & 0.0446 & 0.1963 & 0.4451 & 0.0903 & 0.0136 & 0.0578 & 0.0914 & 0.0002 & 0.2831 & 0.0167 \\
0.0778 & 1.0000 & 0.2402 & 0.0265 & 0.1323 & 0.7789 & 0.0028 & 0.0097 & 0.7700 & 0.0002 & 0.2070 & 0.0347 \\
0.0446 & 0.2402 & 1.0000 & 0.0198 & 0.0758 & 0.1970 & 0.0033 & 0.0092 & 0.1954 & 0.0004 & 0.1068 & 0.1059 \\
0.1963 & 0.0265 & 0.0198 & 1.0000 & 0.0992 & 0.0282 & 0.0532 & 0.2416 & 0.0284 & 0.0003 & 0.0688 & 0.0135 \\
0.4451 & 0.1323 & 0.0758 & 0.0992 & 1.0000 & 0.1535 & 0.0077 & 0.0292 & 0.1553 & 0.0002 & 0.5804 & 0.0173 \\
0.0903 & 0.7789 & 0.1970 & 0.0282 & 0.1535 & 1.0000 & 0.0029 & 0.0100 & 0.9858 & 0.0001 & 0.2403 & 0.0300 \\
0.0136 & 0.0028 & 0.0033 & 0.0532 & 0.0077 & 0.0029 & 1.0000 & 0.1838 & 0.0029 & 0.0014 & 0.0057 & 0.0048 \\
0.0578 & 0.0097 & 0.0092 & 0.2416 & 0.0292 & 0.0100 & 0.1838 & 1.0000 & 0.0100 & 0.0006 & 0.0203 & 0.0081 \\
0.0914 & 0.7700 & 0.1954 & 0.0284 & 0.1553 & 0.9858 & 0.0029 & 0.0100 & 1.0000 & 0.0001 & 0.2431 & 0.0299 \\
0.0002 & 0.0002 & 0.0004 & 0.0003 & 0.0002 & 0.0001 & 0.0014 & 0.0006 & 0.0001 & 1.0000 & 0.0001 & 0.0025 \\
0.2831 & 0.2070 & 0.1068 & 0.0688 & 0.5804 & 0.2403 & 0.0057 & 0.0203 & 0.2431 & 0.0001 & 1.0000 & 0.0194 \\
0.0167 & 0.0347 & 0.1059 & 0.0135 & 0.0173 & 0.0300 & 0.0048 & 0.0081 & 0.0299 & 0.0025 & 0.0194 & 1.0000
\end{bmatrix}$$

利用最大树法对上述矩阵进行模糊聚类，求得最大树图如图 2-25 所示，其中两节点之间的数据为节点之间的最大元 μ。

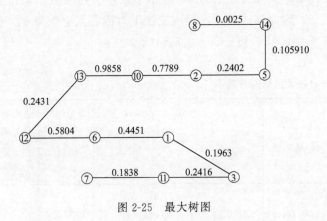

图 2-25 最大树图

利用最大树图中各个节点之间的最大元 μ 对节点进行模糊聚类，其动态聚类图如图 2-26 所示。

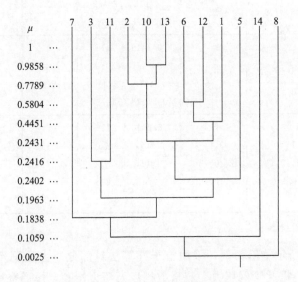

图 2-26 压力节点动态聚类图

该管网决策者主观意愿为安装 10 个左右的压力检测点，精度控制在 3m 水柱以内。因此除泵站节点以外，需在注水节点模糊聚类为 7 组附近进行搜索，依据图 2-25 选取 μ 为 0.4451、0.2431、0.2416、0.2402 四组，依据式（2-54）、式（2-55）进行计算，确定检测点安装位置，检验精度是否满足要求，如满足要求选取最优分类；如不满足扩大搜索范围。

由表 2-11 可知，精度符合要求的节点聚类组数为 6、7、8，对比 6、7、8 组数据可知最优注水节点聚类组数为 6，注水节点压力检测点安装位置为节点 11、1、7、5、14、8。因此该油田注水管网最终压力检测点个数为 9，压力检测点安装位置为节点 4、9、15、11、1、7、5、14、8。

表 2-11　压力节点各项指标汇总表

压力节点聚类组数	压力节点聚类结果	集结区域节点号	集结区域的平均欧氏距离	各集结区域最小平均欧氏距离	各集结区域压力检测点最终位置	集结区域压力值最大误差/m
8	(2、10、13)、(6、12、1)、7、11、3、5、14、8	2、10、13 6、12、1	0.77445、0.8779、0.88235 0.51275、0.43175、0.3641	0.77445 0.3641	2 1	1.132
7	(2、10、13、6、12、1)、7、11、3、5、14、8	2、10、13、6、12、1	0.3932、0.45032、0.44912、0.29332、0.31078、0.19754	0.19754	1	2.536
6	(3、11)、(2、10、13、6、12、1)、7、5、14、8	3、11 2、10、13、6、12、1	0.2416、0.2416 0.3932、0.45032、0.44912、0.29332、0.31078、0.19754	0.2416 0.19754	11 1	2.536
5	(3、11)、(2、10、13、6、12、1、5)、7、14、8	3、11 2、10、13、6、12、1、5	0.2416、0.2416 0.3677、0.4076、0.4068、0.2571、0.2768、0.17205、0.1433	0.2416 0.1433	11 5	3.729

　　以图 2-24 所示管网为例，采用粒子群算法对部分压力检测点未知的管网进行参数反演，根据此管网压力、流量数据以及压力检测点模糊聚类结果，构造式 (2-68) 所示管网摩阻系数反演最优化数学模型。

$$\min\phi(n) = \frac{1}{2}(p_1^p - p_1^o)^2 + \frac{1}{2}(p_4^p - p_4^o)^2 + \frac{1}{2}(p_5^p - p_5^o)^2 + \frac{1}{2}(p_7^p - p_7^o)^2$$
$$+ \frac{1}{2}(p_8^p - p_8^o)^2 + \frac{1}{2}(p_9^p - p_9^o)^2 + \frac{1}{2}(p_{11}^p - p_{11}^o)^2$$
$$+ \frac{1}{2}(p_{14}^p - p_{14}^o)^2 + \frac{1}{2}(p_{15}^p - p_{15}^o)^2 + W_F \parallel F \parallel_2$$

$$(2\text{-}68)$$

采用粒子群算法对该管网进行参数反演，主要参数选取为 $W_F = 0.01$，种群规模为 20，种群进化次数（最大迭代次数）为 1000，$c_1 = 1.4945$；$c_2 = 1.4945$；$w_{cs} = 0.85$；$w_{js} = 0.35$。利用 Matlab 软件运行粒子群算法，其运行结果中，种群最优适应度如图 2-27 所示；油田注水管网摩阻系数反演结果如图 2-28 所示；节点的压力测量值和采用粒子群算法后的估计值如图 2-29 所示。在整个计算过程中，我们假设流量是已知的，但是 n 值和 H 值是未知的，压力值在部分点可以通过传感器进行观测，那么剩下的 H 值是估计出来的值，n 值也是估计出来的。由图 2-27 可知，种群最优适应度约为 9.125，种群进化至 30 代趋于稳定，且具有优良的适应度值；图 2-28 为油田注水管网摩阻系数反演结果，从图中可以看出，油田注水管网系统地下管网由于经过长时间运行，管网内部管段摩阻系数相对于原始管段摩阻系数发生了改变。经过粒子群算法对注水管网摩阻系数进行反演，其反演结果可以大致反映各管段内部摩阻系数值，按照反演的参数建立油田注水管网仿真优化的数学模型能够更加符合工程实际，为后续油田注水管网技术改造以及生产优化调度奠定基础；图 2-29 为节点的压力测量值和估计值对比图。从图中可以看出，通过粒子群算法得到的压力值和实际测量值具有很高的贴合度，说明粒子群算法估测出来的参数值具有较高的可信度，体现了粒子群智能优化算法具有较强的寻优能力，进而证明了管网数学模型的正确性、算法的可行性。

粒子群算法反演结果如表 2-12 和表 2-13 所示。

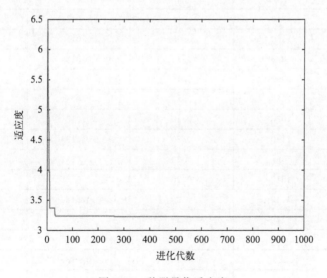

图 2-27　种群最优适应度

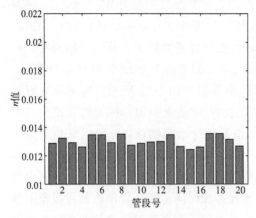
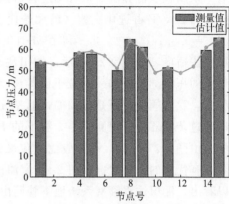

图 2-28　注水管网摩阻系数反演结果　　　　图 2-29　节点的压力测量值和估计值对比图

表 2-12　油田注水管网管段参数

管元号	管长/m	管径/m	原始摩阻系数	反演摩阻系数
1	1730	0.40	0.013	0.0128
2	1500	0.30	0.013	0.0132
3	480	0.30	0.013	0.0130
4	760	0.45	0.013	0.0126
5	620	0.60	0.013	0.0135
6	1270	0.45	0.013	0.0135
7	1150	0.35	0.013	0.0129
8	1380	0.30	0.013	0.0135
9	1390	0.40	0.013	0.0127
10	1130	0.30	0.013	0.0129
11	1020	0.30	0.013	0.0130
12	1140	0.20	0.013	0.0130
13	760	0.20	0.013	0.0130
14	1510	0.20	0.013	0.0126
15	1040	0.25	0.013	0.0125
16	1670	0.35	0.013	0.0126
17	650	0.45	0.013	0.0136
18	225	0.50	0.013	0.0136
19	200	0.50	0.013	0.0132
20	150	0.35	0.013	0.0127

表 2-13 油田注水管网节点参数

节点号	节点流量/(m³/s)	节点压力/m	计算压力/m
1	0.0506	53.967	54.1540
2	0.0487	未安装检测点	53.0884
3	0.0432	未安装检测点	53.1036
4	0.4000	58.327	58.3652
5	0.0362	57.696	59.0013
6	0.0815	未安装检测点	57.1032
7	0.1058	50.000	51.0000
8	0.0355	64.589	64.0091
9	0.3150	60.961	60.1427
10	0.0368	未安装检测点	49.0000
11	0.1987	51.417	51.3964
12	0.0661	未安装检测点	49.0000
13	0.0825	未安装检测点	52.0039
14	0.0364	59.574	61.1905
15	0.1070	65.395	65.0027

2.4.5.2 模拟退火算法对摩阻系数反演

以图 2-24 某管网为例，采用模拟退火算法对部分压力检测点未知的管网进行摩阻系数反演，利用 Matlab 软件运行模拟退火算法，其仿真过程如下所示：

① 选取 Markov 链长度为 100，衰减参数的值为 0.98，初始温度为 10，目标函数如式(2-66)所示，随机产生初始解，并计算目标函数值。

② 在摩阻系数取值范围内随机生成新解，计算新解的目标函数值；采用 Metropolis 算法判断新解的接收情况，在一种温度阶段迭代求解 100 次。

③ 判断是否满足终止条件，即终止温度的阈值为 1×10^{-6}。若满足条件，则搜索结束，输出最优解；若不满足条件，则继续衰减温度，在下一个温度阶段继续迭代寻优。

智能优化结束后，其适应度曲线如图 2-30 所示。最优适应度约为 4.256，迭代次数在 40000 次附近趋于稳定。适应度曲线由于开始时初始值较好，因此初始适应度值较小。由于模拟退火采取随机搜索策略，因此适应度值随之增加，但由于解的不断更新，其适应度值大小从迭代次数为 14000 次附近开始逐渐减小，到 40000 次附近基本保持稳定。图像趋势符合模拟退火算法规则，且具有良好的适

应度值；图 2-31 为模拟退火算法节点压力约束进化曲线，其图像反映了节点
压力约束随着迭代次数增加，其值的变化趋势；图 2-32 为采用模拟退火算法
对管网摩阻系数反演的结果，从图中可以看出，反演结果可以大致反映各管段
内部摩阻系数值，其反演结果符合实际情况，说明本书建立的模型是正确的；
图 2-33 为节点的压力测量值和估计值对比图。从图中可以看出，模拟退火算
法也可以以目标函数为依托，通过部分压力测量值估计出管网各管段的压力估
计值，测量值与估计值数据具有很高的贴合度，说明模拟退火算法估测出来的
参数值具有较高的可信度，进而证明了管网数学模型的正确性、模拟退火算法
的可行性。

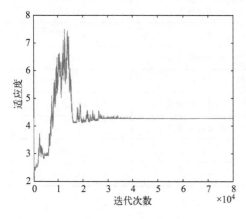
图 2-30　模拟退火算法适应度曲线

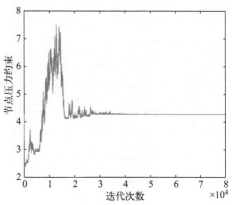
图 2-31　节点压力约束进化曲线

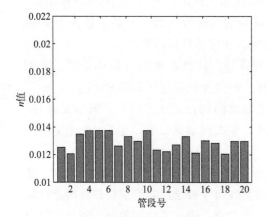
图 2-32　注水管网摩阻系数反演结果

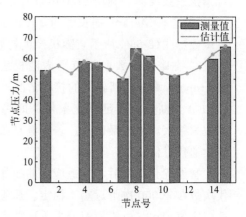
图 2-33　节点压力测量值和估计值对比图

模拟退火算法求解油田注水管网仿真计算结果如表 2-14 和表 2-15 所示。

表 2-14　油田注水管网管段参数

管元号	管长/m	管径/m	原始摩阻系数	反演摩阻系数
1	1730	0.40	0.013	0.0125
2	1500	0.30	0.013	0.0121
3	480	0.30	0.013	0.0135
4	760	0.45	0.013	0.0138
5	620	0.60	0.013	0.0138
6	1270	0.45	0.013	0.0138
7	1150	0.35	0.013	0.0127
8	1380	0.30	0.013	0.0134
9	1390	0.40	0.013	0.0130
10	1130	0.30	0.013	0.0138
11	1020	0.30	0.013	0.0123
12	1140	0.20	0.013	0.0122
13	760	0.20	0.013	0.0128
14	1510	0.30	0.013	0.0134
15	1040	0.25	0.013	0.0121
16	1670	0.35	0.013	0.0130
17	650	0.45	0.013	0.0128
18	225	0.50	0.013	0.0120
19	200	0.50	0.013	0.0129
20	150	0.35	0.013	0.0129

表 2-15　油田注水管网节点参数

节点号	节点流量/(m³/s)	节点压力/m	计算压力/m
1	0.0506	53.967	53.2981
2	0.0487	未安装检测点	56.5411
3	0.0432	未安装检测点	52.7180
4	0.4000	58.327	58.5541
5	0.0362	57.696	57.4115
6	0.0815	未安装检测点	54.5501
7	0.1058	50.000	50.3361

节点号	节点流量/(m³/s)	节点压力/m	计算压力/m
8	0.0355	64.589	63.7180
9	0.3150	60.961	59.7180
10	0.0368	未安装检测点	52.7180
11	0.1987	51.417	51.5531
12	0.0661	未安装检测点	52.7180
13	0.0825	未安装检测点	55.7180
14	0.0364	59.574	61.6977
15	0.1070	65.395	65.6977

第 **3** 章

注水管网系统故障智能诊断

在油田开发后期，许多采油区块需要注水来平衡地层压力，但前期没有注水系统体系建设的准备；随着注水井数量的增加，注水井水量也随之增加，一些注水站的注水量已不能满足注水系统的要求；很多注水站的设备老化，注水泵效率下降，能耗上升，已经不能维持正常的运行；受水质影响，注水管网结垢非常严重，管道破损也越来越多，导致管网效率降低，配水设备老化腐蚀严重，有的阀门甚至不能开合，有的管网和管道腐蚀也非常严重，出现穿孔等情况。在油田开发中，注水系统的稳定性与油田开发效率密切相关，因此有必要结合先进的智能技术手段来及时发现和解决注水系统注水站、注水井和管线存在的问题。

3.1 注水管网系统故障及原因分析

3.1.1 注水站故障

注水站的建立应设置注水泵房、储水罐、废水回收设施和辅助房间，包含配电室、化验室、维修间和库房等建设。注水泵房中注水泵是注水站的核心，对泵的故障原因分析极为重要。常见泵故障有泵消耗功率过高、泵振动大和泵出口流量小等，如图 3-1 所示。

（1）泵功耗过大

① 泵转速过大，泵的运行速度超过额定速度，输出功率将增加，泵处于过载工作状态。

② 流量太大。泵输出流量高出使用范围，泵的轴功率增加，泵负载增加，泵过载可能会出现停泵或者损坏。

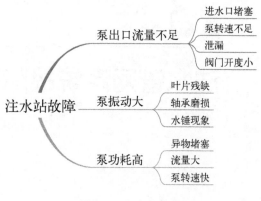

图 3-1　注水站故障

③ 异物堵塞。泵的叶轮为异物缠绕，泵工作发生卡阻，增加泵的负荷，增加泵耗。

（2）注水泵振动大

① 轴承磨损，轴承磨损严重导致间隙太大，机组低频共振。

② 叶轮残缺，泵叶轮质量不合格，受到不合格水质腐蚀、残缺，导致叶轮产生偏心。

③ 水锤现象。基础管道引起振动，管道无支撑，出口弯道太急，缓冲余量不够。

（3）泵出口流量不足

① 泵进水口堵塞，泵内水量低，泵不能正常工作，因此泵出水口流量不足。

② 泵转速不足，电机和泵的速度不匹配，动力皮带轮和泵皮带轮不匹配，皮带轮太松且很滑。

③ 泄漏，泵出水口管道泄漏，导致泵出水口管道无法正常传递规定流量到用水单位。

④ 阀门开度小，流量低，泵出口管道中流量低。

3.1.2　注水井故障

注水系统将水从地面注入地下油层各层中需经过注水井，注水井是油田注水的最后通道，注水井的正常运行关系到油井产量的稳定。注水量和注水压力为注水井最重要的两个指标。注水井出现故障时，这两个参数必定发生异常变动，在分析注水量和注水压力时，首先要排查外在因素影响，即对流量计和压力表仪表进行排查，其次需要对注水管线进行观察，判断是否出现穿孔现象。注水井故障在生产管理中，由于抽水压力不稳定、水质差、井内清洗质量不高、管理人员技术水平差等原因均可使注水出现异常。注水站泵压输送不稳定，泵突然停、突然启动，造成注水井场泵压突然升高、突然下降，使作业人员更难控制压力和水量，从而出现超压、超注或欠压、欠注现象。注水水质差，达不到合格的水质标准，会堵塞分水器喷嘴，腐蚀管柱，影响正常注水。特别是对于低渗透油田，岩石孔隙容易被注水杂质堵塞，导致岩石渗透率降低，注水压力增大。同时，水质差会加速注水管柱的腐蚀。洗井不连续，井底污垢未清除，堵塞地层、井筒和水嘴，使注水量减少。

注水井故障有注水量异常、封隔器失效、配水故障、洗井不通和水表（仪器）故障，如图 3-2 所示。

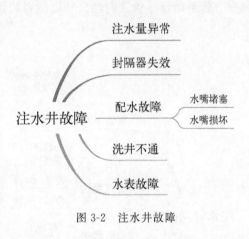

图 3-2　注水井故障

① 根据注水量波动定义异常注水井。传统经验为，当注水井日配注水量小于或等于 $50m^3$ 时，实际注水量波动范围超过配注量的 $\pm 10m^3$；当注水井日配注水量大于 $50m^3$ 时，实际注水量波动范围超过配注量的 $\pm 7.5m^3$ 定义为注水量异常井；超过最大限值为过注井；低于最低限值为欠注井。

② 封隔器失效。对于分层注水而言，封隔器失效将导致失效层之间压力和注入流量变化，影响正常注水工作，某一封隔器失效，表现为该封隔器上层段注水量增加，下层段注水压力增加。

③ 配水故障。分为配水器水嘴堵塞和水嘴损坏两种，配水器水嘴堵塞时，注水井注水量将下降或不注水，注水井欠注，如水嘴发生损坏，相同注水压力下注水井注水量将突然上升，注水井过注。

④ 洗井不通。注水井洗井是为了清除井底污渍，恢复油层吸水能力。洗井不通主要由井口阀门设备关闭和损坏、井下封隔器异物堵塞、反冲洗时无法打开封隔器进入下一层清洗、易出砂井排砂量控制不合理等原因造成，进而注水量也将大大下降。

3.1.3　注水管网故障

注水管网连接注水站、配水间、注入站和注水井，起到将注水站的水源经管线供给注水井的作用，注水管网的连通性对整个注水系统正常工作有着至关重要的作用。注水管网常见的故障问题可分为漏损和堵塞两类,受运输水质和外部土质环境的影响,也会出现管道结垢和管道腐蚀的问题,其为堵塞和漏损之前的故障。同时,由于受到水锤效应的危害,管道会产生剧烈振动,在压强过高时会爆裂,过低时会瘪塌。水锤效应是注水泵突然启动和停止时或者阀门关闭和开启过快,由于水流压力的惯性,会在管道内形成强压或低压的冲击,将对管道和阀门附件造成损害。

注水管网连通性分析对注水管网系统拓扑结构优化和管网改造极为重要,注水管网故障研究将有效提高水量运输,提高注水效率。注水管道故障可分为管道漏损、管道堵塞、管道腐蚀、管道结垢和管道振动,如图3-3所示。

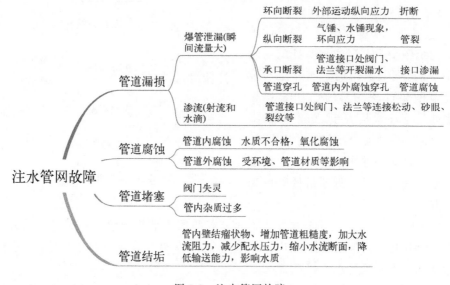

图 3-3 注水管网故障

（1）管道漏损

根据泄漏量的大小可划分为爆管漏损和渗流。爆管是当管身断裂的形式产生较大的破口,瞬时漏损流量较大;渗流表现为管道接口处的射流和水滴。漏损原因可归纳为:

① 水锤现象。由于对阀门和水表开关速度过快,管道内出现高压冲击,造成管道漏损。

② 施工质量因素。在运输管材、管道铺设、管道的连接和管压测试过程中,并未按照科学标准进行施工,暴力安装管材、地层铺管不标准、管道连接不规范等造成管道漏损。

③ 管材质量低。管材壁薄、壁厚不均匀、疤痕多、抗腐蚀度低于国家标准。

④ 土质环境和气温变化。管道爆管常见于环向断裂、纵向断裂、承口断裂和管道穿孔。环向断裂：管道受外部环境运动纵向应力出现管道折断；纵向断裂：管道受管内水流的水锤现象发生管裂；承口断裂：管道之间接口处阀门和法兰等连接件开裂漏损；管道穿孔：管道受内外腐蚀穿孔漏损。管道渗流表现为管道接口处阀门、法兰等连接松动、砂眼和裂纹等。

（2）管道腐蚀

管道内外腐蚀主要形式有化学、生物和电化学腐蚀。其中电化学腐蚀是一般管道最常见的腐蚀。注水管线埋于地下，受管道内部水质和管道土质中金属元素影响，管道形成阳极部位造成腐蚀。

（3）管道堵塞

管道堵塞故障主要有管道内异物堵塞和管道配件（阀门）堵塞。在铺设和连接管段时，工作人员粗心大意，将大石块、石砖和其他废弃物滞留在管道内。在北方地区，由于温度低、管道保温措施不足、管道埋深浅、管道集水等原因，管道中水会结冰造成管道堵塞。管道流通时，要确保止回阀、溢流阀、减压阀、水表的原件正常工作，就必须安装过滤器，在注水过程中，各种杂质会堵塞滤网，清理不及时会造成管道堵塞。

（4）管道结垢

管道结垢是指金属管道经过腐蚀后内壁沉积，在管壁上形成锈垢，使管道粗糙度增大，流动阻力增大，配水压力降低，因为减小了流动截面，降低了输水能力，有时还会影响水质。造成这种现象的原因有很多，主要是由于水和金属之间的相互作用，有的是由于管道内壁被水侵蚀引起的，有的是由于水中碳酸盐沉淀或悬浮物沉淀引起的，有的是由于水中铁、氯化物、硫酸盐、二氧化碳含量超标引起的。

3.1.4 注水系统故障树

油田注水管网系统故障问题众多，系统各部分组件均有故障情况，对管网系统的主要组成部分及重点故障进行分析，对注水管网系统注水站、注水井和注水管网故障类别进行划分。将这三部分进行组合并且加入阀门故障类型，包括注水站泵出口流量不足、泵振动大和泵功耗大；注水井注水量异常、封隔器失效、配水故障、洗井不通和水表故障；注水管网管道漏损、腐蚀、堵塞和结垢；阀门的开度、阀门腐蚀、阀门堵塞和阀门漏损故障，共同构建注水管网系统故障树。故障树（图 3-4）可直观看出注水系统众多故障问题大致可分为注水站、注水井、注水管线（网）和阀门四大类故障。

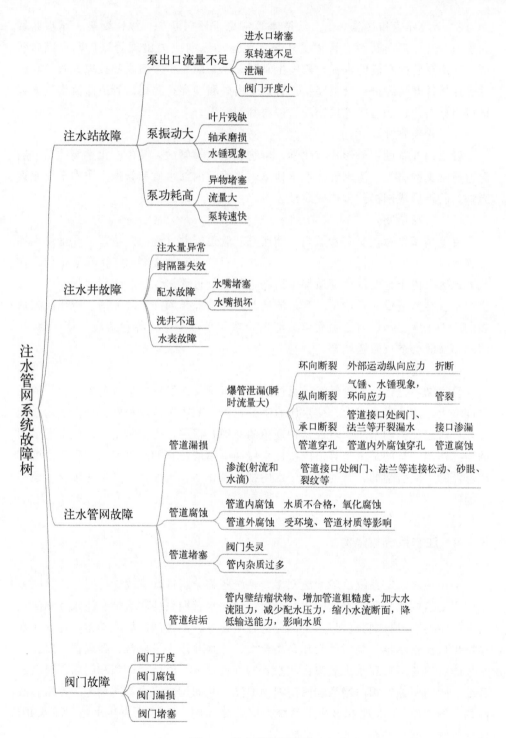

图 3-4　注水系统故障树

3.1.5 诊断依据和解决措施

油田注水系统的众多故障问题，大致可分为注水站、注水井、管线和其他节点故障四类。众多类故障中，注水站泵机组故障、注水井注水量异常、封隔器失效、水嘴堵塞、仪表损坏和阀门故障为节点故障；注水管网腐蚀、结垢、堵塞和漏损中的管爆、射流为 线路故障。油田注水管网系统故障常表现为系统压力和流量的异常。注水站泵机组的过 载、欠载、停泵和阀门开度故障，将导致注水站乃至整个管网压力异常；注水井中过注水、欠注水、出口阀门开度故障和水嘴损坏以及注水管网管道爆管、射流、结垢和管道 堵塞故障，将导致系统流量异常。

对注水站、注水井和注水管线的故障诊断，传统方法是通过人工经验给出笼统的故 障判定，没有形成具体诊断依据，通过调研对各类型故障初步给出诊断依据如下。因为阀门故障检测和处理相对简单，所以本书针对注水系统故障树中注水站、注水井和注水管网故障（管网漏损除外）问题进行诊断，不涉及阀门故障问题。

（1）注水站故障诊断依据

注水站工艺流程应满足来水计量、储存、升压和水量分配的要求，因为注水泵为注水站的核心，注水站故障以泵效来评判注水站泵注水故障，注水泵效 $P_{e有效功率}/P_{轴功率}$，通常为 0.7～0.8 之间认为是泵工作良好。注水泵效率低下将直接影响注水井压力和注水量，降低整个注水管网注水效率，所以注水泵效异常被认定为注水站故障诊断依据。

（2）注水井故障诊断依据

注水管网系统中，任何一个注水井发生故障，压力和流量异常，都会对其周边注水井和管段产生影响，因此注水井压力和流量为注水井故障诊断的重要指标。常见的注水井诊断以配注合格率为主要目标，配注合格率是单井实际注水量与配注量的比值，$\eta_{合格}=Q_{实注}/Q_{配注}\times100\%$，式中，$\eta_{合格}$ 为配注合格率；$Q_{实注}$ 为注水井实际注水量，m^3/d；$Q_{配注}$ 为注水井配注量，m^3/d。它直接反映了该井的配注完成情况，可以准确而有效地判断出该井的实际注水情况，合格率低于规定值定义为注水井未完成任务，注水井欠注水；合格率高于规定值为注水井过注水。

（3）注水管线故障诊断依据

注水管线故障诊断以管线内径缩小率为主要判别标准，管线内径缩小率就是管网内径的变化值与新管线内径的比值，$\eta=(d-d_{当量})/d\times100\%$。在油田实际应用中，一般认为当量内径缩小率在 10% 以内为合理值。式中，η 为管线内径缩小率，%；d 为新管线内径，m；$d_{当量}$ 为软件模拟出的关系当量内径，m。同时管网故障也可通过管网效率表示，$\eta_{管}=p_{平井}/p_{平泵}\times100\%$，式中，$\eta_{管}$ 为平均管网效率；$p_{平井}$为平均注水井口压力，MPa；$p_{平泵}$为平均泵出口压力，MPa。

　　本书提出一种基于自适应差分进化算法的二级 BP 神经网络注水管网故障诊断模型，该模型一级故障诊断以压力和流量异常为依据确定故障位置，压力异常进入注水站故障类别，流量异常进入注水井和注水管线故障类别。二级诊断以在相比正常压力和流量下，各部分压力高低和流量大小为依据的故障类型诊断。相比正常注水工况下，注水站压力偏高，诊断站泵机组过载和泵出水口阀门开度故障；注水站压力偏低，诊断泵机组欠载和停泵；注水井点流量高和封隔器失效，诊断为注水井过注；注水井点流量小、水嘴堵塞和注水阀门开度故障，诊断为注水井欠注；管道中无流量或流量低，诊断为管段堵塞；管道表面有流量，诊断为爆管、射流和腐蚀三类漏损故障。具体管网故障诊断判定依据如图 3-5 所示。

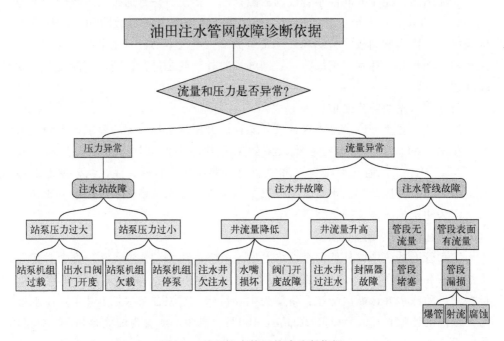

图 3-5　油田注水管网故障诊断依据

3.2　BP 神经网络

3.2.1　BP 神经网络原理

（1）感知机

神经网络的起源就是感知机。感知机感知信号，接收多个信号，输出一个信号。感知机的输出信号只有 1 或 0 两个输出结果，如图 3-6 所示。

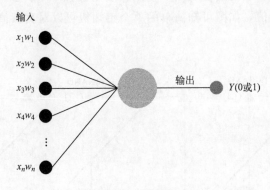

图 3-6　感知机

感知机输入信号 $X(x_1, x_2, x_3, \cdots, x_n)$，输入信号分别带有权重 W $(w_1, w_2, w_3, \cdots, w_n)$，权重的大小表示信号的重要程度，权重越大信号越重要，权重越小可以降低噪声等不良信号的影响而导致的错误输出。当信号输入时，信号分别乘以固定的权重 $XW(x_1w_1, x_2w_2, x_3w_3, \cdots, x_nw_n)$，并进行求和，只有当和大于某一个限定的阈值 θ 时，感知机被激活，输出 1。图 3-6 中的○可以称为神经元，进行信号传递，单个感知机也就是最简单的神经网络。

用数学公式表示，如公式（3-1）所示：

$$Y = \begin{cases} 0, & \sum_{i=1}^{n} x_i w_i \leqslant \theta \\ 1, & \sum_{i=1}^{n} x_i w_i > \theta \end{cases} \tag{3-1}$$

式中　x_i——输入信号；

　　　w_i——信号权重；

　　　θ——阈值。

（2）简单的逻辑电路

① 与门、非与门和或门逻辑　感知机可以实现简单的逻辑电路，与门是 AND 并且的意思，具有两个输入和一个输出，其逻辑为真真为真、假假为假、真假为假、假真为假。真值为 1，假值为 0，与门当输入均为 1 则输出 1，其他时候都输出 0。非与门、或门和与门类似都可以用简单的感知机实现，非与门（NAND）和与门的输出值都相反，真真为假，假假为真，真假为真，假真为真，真值为 1，假值为 0，与门当输入均为 1 则输出 0，其他时候都输出 1。或门（OR）为或者的意思，是真真为真，真假为真，假真为真，假假为假，真值为

1，假值为 0，或门当输入值有一个为 1 则输出 1。

与门、非与门和或门真值表用二维坐标表示如图 3-7 所示，图中，▲表示 1 真值，●表示 0 假值，如图可知简单的单个感知机可以对真假值进行一次线性的分类。

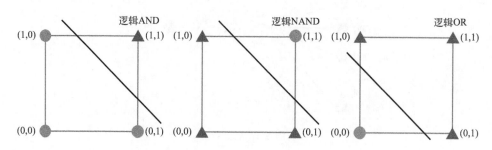

图 3-7　与门、非与门和或门真值表用二维坐标表示

② 异或门逻辑　异或门和与门、非与门和或门都不相同，其逻辑为假假为假，真假为真，假真为真，真真为假，真值为 1，假值为 0，只有当两个输入信号当且仅当有一方为真结果为真。异或门真值表用二维坐标表示如图 3-8 所示，图中●表示 0 假值，▲表示 1 真值。如图可知，简单的单个感知机的一次线性不可以对异或门进行真值分类。

简单的单层感知机只能进行线性分类，无法对异或门进行分类，但是感知机可以进行叠加，叠加后的感知机可以进行非线性拟合，并且可对非线性信号进行准确的分类。将非与门和或门进行与门的运算可以获得异或门逻辑，如图 3-9 所示。

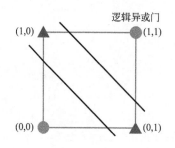

图 3-8　异或门真值表用二维坐标表示

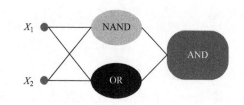

图 3-9　通过组合与门、非与门、或门实现异或门

3.2.2　BP 神经网络算法流程

神经网络就是预测器和分类器，可以对结果进行预测和分类。由感知机可知

单层神经网络不能进行非线性划分，多个感知机进行叠加是多层神经网络的核心，如图 3-10 所示。

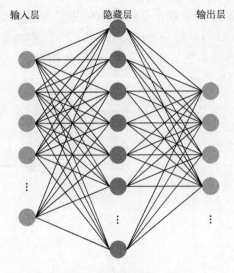

图 3-10 神经网络基本结构

神经网络包括输入层、中间层（隐藏层）、输出层三部分，当隐藏层有多层时称为多层神经网络。由感知机的基本原理可知，输入值和对应的权重相乘加和大于阈值时为真值才会有信号输出。模仿于神经元，会对外界输入的信号进行阻碍，当信号足够大时才会触发激活下一个神经元输出信号，进行信号传递。

（1）激活函数

节点信号加权和大于阈值时就会激活下一个节点，获得节点输出作为后面节点的输入，将信号不断传递，可获得最后的输出，如图 3-11 所示。

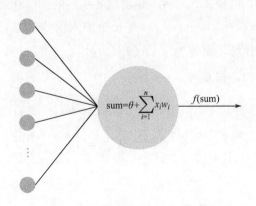

图 3-11 激活函数具体计算过程

感知机运用的是阶跃函数，输出结果只有 1 或 0，当输出小于阈值结果为 0，大于阈值结果为 1，0 和 1 之间的变化是一个跳跃的过程，没有中间的过渡增长阶段。激活函数有多种，如 Sigmoid 函数、Softmax 函数、ReLU 函数等。

Sigmoid 函数也称为 S 函数，是神经网络中经常使用的一个激活函数，如式(3-2) 所示。Sigmoid 函数是一条区间在 0～1 的平滑曲线，输出随着输入发生连续的变化。Sigmoid 的输出可以为 0～1 之间的任意数，相比阶跃函数具有更丰富的结果，如图 3-12 所示。

$$f(x) = \frac{1}{1 + e^{-x}} \tag{3-2}$$

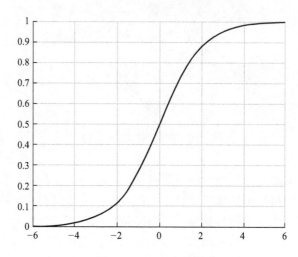

图 3-12 Sigmoid 函数

(2) 神经网络正向传播

如图 3-13 所示，以输入、隐藏、输出层各一层的三层神经网络为例。

输入层 $(x_1, x_2, x_3, \cdots, x_n)$ 有 n 个输入信号节点，隐藏层有 m 个节点，输出层有 o 个节点，阈值为 $\theta^{(1)}$ $(\theta_1^{(1)}, \theta_2^{(1)}, \theta_3^{(1)}, \cdots, \theta_m^{(1)})$，$\theta^{(2)}$ $(\theta_1^{(2)}, \theta_2^{(2)}, \theta_3^{(2)}, \cdots, \theta_o^{(1)})$，权重为：

$$\boldsymbol{W}_{nm}^{(1)} = \begin{bmatrix} w_{11}^{(1)} & w_{21}^{(1)} & \cdots & w_{m1}^{(1)} \\ w_{12}^{(1)} & w_{22}^{(1)} & \cdots & w_{m2}^{(1)} \\ \vdots & \vdots & & \vdots \\ w_{1n}^{(1)} & w_{2n}^{(1)} & \cdots & w_{mn}^{(1)} \end{bmatrix}, \boldsymbol{W}_{mo}^{(2)} = \begin{bmatrix} w_{11}^{(2)} & w_{21}^{(2)} & \cdots & w_{o1}^{(2)} \\ w_{12}^{(2)} & w_{22}^{(2)} & \cdots & w_{o2}^{(2)} \\ \vdots & \vdots & & \vdots \\ w_{1m}^{(2)} & w_{2m}^{(2)} & \cdots & w_{om}^{(2)} \end{bmatrix}$$

式中 $w_{nm}^{(1)}$——输入层到隐藏层 $m \times n$ 权重矩阵；

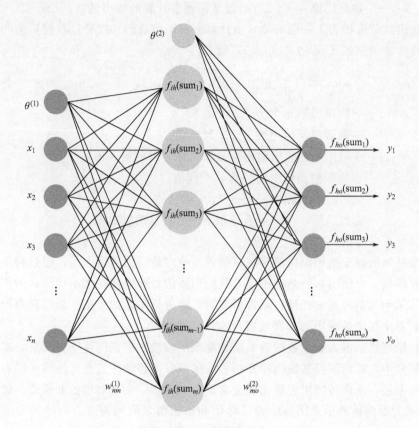

图 3-13 三层神经网络

$w_{mo}^{(2)}$——隐藏层到输出层 $o \times m$ 权重矩阵。

输入加权和见式(3-3)

$$\text{sum}_m = \sum_{i=1}^{n} x_i^{(1)} w_{mi}^{(1)} + \theta_m^{(1)} , \ m = 1,\ 2,\ 3,\ \cdots,\ m \qquad (3\text{-}3)$$

式中 sum_m——隐藏层第 m 个节点的权重和；

　　　$w_{mi}^{(1)}$——输入层到隐藏层 i 行 m 列元素；

　　　x_i——第 i 个信号；

　　　$\theta_m^{(1)}$——输入层到隐藏层的第 m 个阈值。

所以式(3-3) 可以简化为式(3-4)：

$$A = WX + B \qquad (3\text{-}4)$$

计算结果代入节点激活函数中计算该节点的输出，这里采用神经网络最常用的激活函数 Sigmoid 函数，如式(3-5) 所示：

$$z_m = \text{Sigmoid}(\text{sum}_m) , \ m = 1,\ 2,\ 3,\ \cdots,\ m \qquad (3\text{-}5)$$

式中 z_m——隐藏层第 m 个节点通过激活函数计算的输出值。

输出的结果作为下一层的输入值计算下一层节点的加权和以及根据激活函数求最终的输出。如式(3-6)、式(3-7)所示：

$$\text{sum}_o = \sum_{i=1}^{m} z_i w_{oi}^{(2)} + \theta_o^{(2)}, \ o=1, \ 2, \ 3, \ \cdots, \ o \tag{3-6}$$

式中 sum_o——输出层第 o 个节点的权重和；

$w_{oi}^{(2)}$——隐藏层到输出层 i 行 o 列元素；

z_i——第 i 个隐藏层输出信号作为输出层的输入值；

$\theta_o^{(2)}$——隐藏层到输出层的第 o 个阈值。

$$y_o = \text{Sigmoid}(\text{sum}_o), \ o=1, \ 2, \ 3, \ \cdots, \ o \tag{3-7}$$

式中 y_o——输出层第 o 个节点通过激活函数计算的输出值。

（3）反向传播

最开始的权重值和偏执值是随机给的，给定最开始的输入值，经过神经网络的计算得到一个输出，但是输出值与我们期望的目标值往往大不相同，为了使输出的结果和预期的基本相同，通常需要对权重进行不断的修正，最终获得给定输入得到基本相同的输出的一套最适合的神经网络。

神经网络的输入数据经过输入层、隐藏层和输出层正向移动。相反，在反向传播算法中，输出误差从输出层开始方向的反方向移动，直至到达输入层右侧的那个隐藏层。反向传播可将输出误差向反方向传播，实现对权重的修正。如图 3-14 所示为反向传播示意图，E 为目标值和输出值之间的偏差。分配的方式有很多，最有效的分配方式有随机梯度下降法和交叉熵函数法。

如图 3-14 所示，需要将误差 E 反向分配，修改权重，权重 W 和误差 E 之间存在关系，采用梯度下降方法。如式(3-8)所示，误差 E 在两层上得以分配，最后一层不进行误差分配处理 $E_o^{(2)} = |t_o - y_o|$（$o=1, \ 2, \ 3, \ \cdots, \ o$），该层误差分配采用交叉熵函数，该函数与梯度下降算法类似，不同的是，最后一层将误差反向传播时不进行处理，其他的步骤一致，交叉熵函数驱动的训练降低误差的速度更快，交叉熵函数的学习规则产生了一个更快的学习过程，深度学习广泛采用该函数。用矩阵表示误差传播和权重的修正见式(3-9)~式(3-11)，α 表示学习率，避免泛化影响训练结果，也减少了最后一个数据对结果的影响。

$$E_o = |t_o - y_o|, \ o=1, \ 2, \ 3, \ \cdots, \ o \tag{3-8}$$

式中 E_o——误差值；

t_o——目标值；

y_o——输出层输出值。

$$\begin{cases} E_o^{(2)} = |t_o - y_o|, \ o=1, \ 2, \ 3, \ \cdots, \ o \\ E_m^{(1)} = \boldsymbol{W}_{mo}^{\mathrm{T}} E_o^{(2)}, \ m=1, \ 2, \ 3, \ \cdots, \ m \end{cases} \tag{3-9}$$

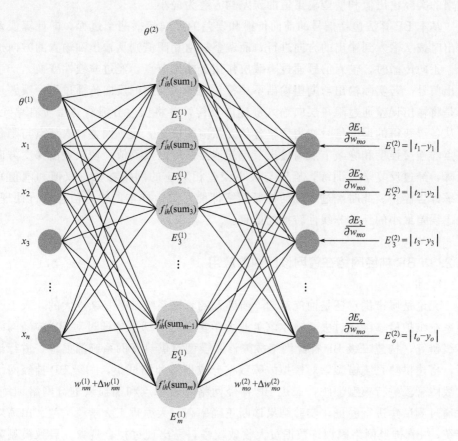

图 3-14 反向传播示意图

式中 $E_o^{(2)}$——输出层到隐藏层的反向误差；

     $E_m^{(1)}$——隐藏层到输入层的反向误差；

     $\boldsymbol{W}_{mo}^{\mathrm{T}}$——隐藏层到输出层 $o \times m$ 权重矩阵的转置。

$$\begin{cases} \Delta W_{mo} = \alpha E_o^{(2)} y_o (1-y_o) z_m, \ o=1, 2, 3, \cdots, o \\ W_{mo} \ +=\Delta W_{mo}, \ m=1, 2, 3, \cdots, m \end{cases} \tag{3-10}$$

式中 α——学习率；

  ΔW_{mo}——输出层到隐藏层误差反向传播时所分配给权重的修正值。

$$\begin{cases} \Delta W_{nm} = \alpha E_m^{(1)} z_m (1-z_m) x_n, \ m=1, 2, 3, \cdots, m \\ W_{nm} \ +=\Delta W_{nm}, \ n=1, 2, 3, \cdots, n \end{cases} \tag{3-11}$$

式中 ΔW_{nm}——隐藏层到输入层误差反向传播时所分配给权重的修正值。

    BP 神经网络是一种按误差反向传播（简称误差反传）训练的多层前馈网络，其算法称为 BP 算法，它的基本思想是梯度下降法，利用梯度搜索技术，以期使网络的实际输出值和期望输出值的误差均方差为最小。

基本 BP 算法包括信号的前向传播和误差的反向传播两个过程。即计算误差输出时按从输入到输出的方向进行，而调整权值和阈值则从输出到输入的方向进行。正向传播时，输入信号通过隐藏层作用于输出节点，经过非线性变换，产生输出信号，若实际输出与期望输出不相符，则转入误差的反向传播过程。误差反传是将输出误差通过隐藏层向输入层逐层反传，并将误差分摊给各层所有单元，以从各层获得的误差信号作为调整各单元权值的依据。通过调整输入节点与隐藏节点的连接强度和隐藏节点与输出节点的连接强度以及阈值，使误差沿梯度方向下降，经过反复学习训练，确定与最小误差相对应的网络参数（权值和阈值），训练即告停止。此时经过训练的神经网络即能对类似样本的输入信息自行处理，输出误差最小的经过非线性转换的信息。

3.2.3 BP 神经网络在管网诊断中的应用

无论是城市供水还是油气运输，所涉及的管网系统都是复杂庞大的，人工干预系统维护检修已成过去。哈尔滨工业大学雷翠红、邹平华通过对 BP 神经网络多级研究，构建二级 BP 神经网络故障诊断模型对供热管网系统漏损检查进行诊断，搭建供热系统模型，对模拟故障数据分成训练和测试集，一级 BP 神经网络对故障管段进行模型训练，二级 BP 神经网络对故障点和漏损量进行网络训练，并通过测试集进行验证，实验结果诊断正确率高。太原理工大学段兰兰、田琦对传统的 BP 神经网络因训练数据过大收敛较慢，易出现过拟合现象，导致模型陷入局部最优等问题进行分析，采用遗传算法对其进行优化，提出基于遗传算法优化 BP 网络的供热管网故障模型。该模型对供热管网进行故障诊断，一级诊断故障管段位置，二级诊断故障点和漏损量，实验结果提高了诊断精度和正确率。

3.3 自适应差分进化算法（SDE）

3.3.1 SDE 进化算法原理

差分进化算法是一种求解全局优化问题的进化算法，类似于遗传算法"优胜劣汰，适者生存"的思想来寻最优，能够求解复杂非线性优化问题，具有计算过程更简单、控制参数少的优越性，广泛应用于数据挖掘、信号处理、人工神经网络等领域。差分进化算法全局寻优过程：

① 利用实数编码的方式创建个体和种群，初始化种群并计算当代种群的适应度。

② 通过种群中两个个体之间的加权差向量加到基点向量上的编译操作和及一定概率的交叉操作产生新个体，并计算新适应度值。

③ 采用贪婪选择策略对新旧个体适应度值进行比较，存新去旧。

④ 经过变异、交叉和选择三个阶段循环迭代，直至适应度满足要求。

采用自适应差分进化算法引入自适应变异和交叉因子，其值随迭代次数的增加而减小，初期可保证种群多样性，后期又可保留优良个体。具体流程如下：

将优化问题解 x_1，x_2，x_3，$\cdots$，x_n 组成个体 $X_i^G = (x_1, x_2, x_3, \cdots, x_n)$，$i = 1, 2, 3, \cdots, NP$，每个个体都是问题的一组解。

a. 种群初始化　初始种群用随机方式产生：

$$x_j = x_j^{\min} + \text{rand}(x_j^{\max} - x_j^{\min}) \quad j = 1, 2, \cdots, n \tag{3-12}$$

式中　rand——[0，1] 之间的随机数；

$x_j^{\max}$，$x_j^{\min}$——初始个体的上下限。

b. 自适应变异操作　个体间通过变异产生新个体，种群中两个个体之间的加权差向量加到基点向量上的变异操作。变异操作中采用其多微分改进形式 DE/best/1/bin，使解向量朝更好的方向进化，如式(3-13) 所示。自适应变异操作通过引入自适应变异因子，其值随迭代次数的增加而减小，初期可保证种群多样性，后期又可保留优良个体，如式(3-14) 所示。

$$V_i^{G+1} = X_{\text{best}}^G + F(X_{r_2}^G - X_{r_3}^G) \tag{3-13}$$

$$F = F_{\min} + (F_{\max} - F_{\min}) e^{1 - \frac{G_{\max}}{G_{\max} - G + 1}} \tag{3-14}$$

式中　X_{best}^G——第 G 代中优良个体；

r_2，r_3——种群中与 i 三者互不相同的个体；

$F_{\min}$——最小变异因子；

$F_{\max}$——最大变异因子；

$G_{\max}$——最大迭代次数；

G——当前进化代数。

c. 自适应交叉操作　将自适应变异操作得到的中间个体 $V_i^{G+1} = (v_{i1}^{G+1}, v_{i2}^{G+1}, v_{i3}^{G+1}, \cdots, v_{in}^{G+1})$ $i = 1, 2, 3, \cdots, NP$ 和原个体 $X_i^G = (x_{i1}, x_{i2}, x_{i3}, \cdots, x_{in})$ 进行自适应交叉操作，得到候选个体 $U_i^{G+1} = (u_{i1}^{G+1}, u_{i2}^{G+1}, u_{i3}^{G+1}, \cdots, u_{in}^{G+1})$。

$$u_{im}^{G+1} = \begin{cases} v_{im}^{G+1}, & \text{rand}(j) \leqslant C \\ x_{im}^G, & \text{其他} \end{cases} \tag{3-15}$$

$$C = C_{\max} - \frac{G(C_{\max} - C_{\min})}{G_{\max}} \tag{3-16}$$

式中 u_i^{G+1}——代交叉第 i 个体；

v_i^{G+1}——变异第 i 个体；

x_i^G——原个体；

$C_{\min}$——最小变异因子；

$C_{\max}$——最大变异因子，C 取 0.1～0.9。

d. 选择操作　选择个体 U_i^{G+1} 进行适应度评价，然后根据式（3-17）决定是否在下一代中用候选个体替换当前个体。

$$X_i^{G+1}\begin{cases}U_i^{G+1},\ f(U_i^G)<f(X_i^G)\\X_i^G,\ 其他\end{cases}\tag{3-17}$$

式中　X_i^{G+1}——新一代个体。

3.3.2　SDE 进化算法流程

SDE 算法计算的主要步骤如下，算法流程图如图 3-15 所示。

① 随机产生初始种群，进化代数 $G=0$。

② 计算初始种群适应度，SDE 算法一般直接将目标函数值作为适应度值。

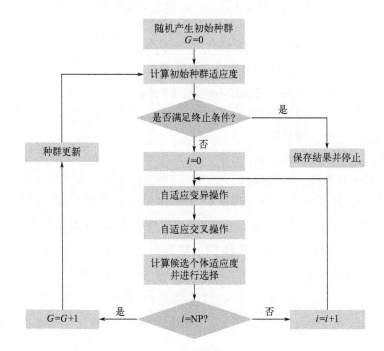

图 3-15　SDE 算法流程图

③ 判断是否达到终止条件。若进化终止，将此时的最佳个体作为解输出，否则继续。终止条件一般有两种：一种是进化代数达到最大进化代数 G_{max} 时算法终止；另一种是在已知全局最优值的情况下，设定一个最优值误差，当种群中最佳个体的适应度值与最优值的误差在该范围内时算法终止。

④ 进行变异和交叉操作，得到临时种群。

⑤ 对临时种群进行评价，计算适应度值。

⑥ 进行选择操作，得到新种群。

⑦ 进化代数 $G=G+1$，用新种群替换旧种群，转步骤③。

3.4 SDE-BP 故障诊断

3.4.1 SDE-BP 故障诊断模型

BP 神经网络优化常采用网络结构优化和参数优化两种方式，由于对 BP 网络输入输出和隐藏层结构优化确定较为困难，常采用优化算法对网络的权重和阈值参数进行优化。SDE-BP 网络模型将网络初始所有权重和阈值作为自适应差分进化算法初始种群，权重和阈值个数总和作为种群个体长度，经过多次自适应变异、交叉和选择操作，达到最大迭代后终止进化，获得优化后的权重和阈值，在此基础上建立三层 BP 神经网络，训练至最大循环次数获得 SDE-BP 网络诊断模型。BP 神经网络在大型网络的故障诊断中存在明显的收敛速度慢、易过拟合和陷入局部最优等缺点，因此网络优化极为重要，本书求解复杂非线性优化问题采用全局优化算法——SDE 自适应差分进化算法，优化传统的 BP 神经网络，弥补网络先天缺陷，提高训练时间，避免模型陷入局部最优。SDE-BP 网络模型将 BP 网络初始所有权重和阈值作为自适应差分进化算法初始种群，权重和阈值个数总和作为种群个体长度，经过多次自适应变异、交叉和选择操作，达到最大迭代后终止进化，获得优化后的权重和阈值，在此基础上建立 BP 神经网络，训练至最大循环次数获得 SDE-BP 网络诊断模型。

确定 BP 神经网络结构，将网络所涉及管网节点压力和流量作为输入，输出为故障位置和故障类型。根据网络输入和输出个数确定隐藏层节点数，隐藏层单元数利用黄金分割法参考公式：$N_{hid} = \sqrt{N_{in} + N_{out}} + \alpha$，式中，$N_{hid}$ 为隐藏层神经元个数；N_{in} 为输入层神经元个数；N_{out} 为输出层神经元个数；α 为常数，$0 \leq \alpha \leq 10$。BP 神经网络正态分布随机生成网络初始权重和阈值，将其作为优化问题解 w_1，w_2，w_3，…，w_n，b_1，b_2 组成个体 $W_i^G = (w_1$，w_2，w_3，…，w_n，b_1，$b_2)$，$i = 1$，2，3，…，NP，每个个体都是问题的一组解。以此作为 SDE 的原始个体，并对其进行优化。

SDE 自适应差分进化算法优化 BP 神经网络权重和阈值主要包括种群初始化、自适应变异、自适应交叉和选择，具体如下：

（1）种群初始化

SDE 初始化权重种群用随机方式产生：

$$w_j = w_j^{\min} + \text{rand}(w_j^{\max} - w_j^{\min}) \quad j=1, 2, \cdots, n \tag{3-18}$$

式中　rand——[0, 1] 之间的随机数；

$w_j^{\max}$, $w_j^{\min}$——初始权重最大、最小值。

（2）自适应变异

权重个体间通过变异产生新个体，种群中两个权重个体之间的加权差向量加到基点向量上的变异操作，变异操作中采用其多微分改进形式 DE/best/1/bin，使解向量朝更好的方向进化，如式（3-19）所示。自适应变异操作通过引入自适应变异因子，其值随迭代次数的增加而减小，初期可保证种群多样性，后期又可保留优良个体，如式（3-20）所示。

$$V_i^{G+1} = W_{\text{best}}^G + F(W_{r_2}^G - W_{r_3}^G) \tag{3-19}$$

$$F = F_{\min} + (F_{\max} - F_{\min})\text{e}^{1-\frac{G_{\max}}{G_{\max}-G+1}} \tag{3-20}$$

式中　W_{best}^G——第 G 代中优良权重；

　　r_2, r_3——种群中与 i 三者互不相同的个体；

　　$F_{\min}$——最小变异因子；

　　$F_{\max}$——最大变异因子，F 取 0.3～0.7；

　　$G_{\max}$——最大迭代次数；

　　G——当前进化代数。

（3）自适应交叉

将自适应变异操作得到的中间个体 $V_i^{G+1} = (v_{i1}^{G+1}, v_{i2}^{G+1}, v_{i3}^{G+1}, \cdots, v_{in}^{G+1})$ $i=1, 2, 3, \cdots$, NP 和原个体 $X_i^G = (w_{i1}, w_{i1}, w_{i3}, \cdots, w_{in}, b_{i1}, b_{i2})$ 进行自适应交叉操作，得到候选个体 $U_i^{G+1} = (u_{i1}^{G+1}, u_{i2}^{G+1}, u_{i3}^{G+1}, \cdots, u_{in}^{G+1})$。

$$u_{im}^{G+1} = \begin{cases} v_{im}^{G+1}, & \text{rand}(j) \leqslant C \\ w_{im}^G, & \text{其他} \end{cases} \tag{3-21}$$

$$C = C_{\max} - \frac{G(C_{\max} - C_{\min})}{G_{\max}} \tag{3-22}$$

式中　u_i^{G+1}——$G+1$ 代交叉第 i 个体；

　　v_i^{G+1}——变异第 i 个体；

　　w_i^G——原个体；

　　$C_{\min}$——最小变异因子；

$C_{\max}$——最大变异因子，C 取 0.1～0.9。

（4）选择

选择个体 U_i^{G+1} 进行适应度评价，评价函数 f 为 BP 网络的输出结果均方误差，见式(3-23)，然后根据式(3-24)决定是否在下一代中用候选个体替换当前个体。

$$f = \frac{1}{n}\sum_{i=0}^{n}(t_i - d_i)^2 \tag{3-23}$$

$$W_i^{G+1}\begin{cases} U_i^{G+1}, & f(U_i^G) < f(W_i^G) \\ W_i^G, & \text{其他} \end{cases} \tag{3-24}$$

式中　f——均方误差评价函数；

W_i^{G+1}——优化后的新一代权重值。

权重和阈值经 SDE 算法多次优化可达最优，结合管网节点压力和流量为输入特征值，运用 BP 网络信号正向传播和误差反向传播，多次循环获得 SDE-BP 诊断模型。

为诊断注水管网故障点位置和故障类型，建立两级 SDE-BP 网络模型。SDE-BP 优化模型是在传统的 BP 神经网络基础上引入 SDE 算法。改进的关键在于，将 BP 网络初始权重和阈值作为自适应差分进化算法初始种群，选择适应度函数网络均方误差，对权重和阈值多次迭代优化，使其从初始随机转变为具有优化方向性，加速 BP 网络模型收敛。

本书所采用的 SDE-BP 网络模型，两级均为 3 层结构，一级诊断模型输入为整体管网注水站、注水井和管线故障工况下各部分节点压力 $p = (p_1, p_2, p_3, \cdots, p_n)$、流量 $NQ = (nq_1, nq_2, nq_3, \cdots, nq_n)$ 和管段流量 $LQ = (lq_1, lq_2, lq_3, \cdots, lq_m)$ 以及诊断分类标签 $T = (t_1, t_2, t_3, \cdots, t_k)$，输出值为故障点位置；对每个故障点 $Y = (y_1, y_2, y_3, \cdots, y_k)$ 建立二级诊断模型，输入为一级诊断所确定的故障点故障压力 p、流量 NQ 和管段流量 LQ，输出值为故障类型 $Y = (y_1, y_2)$，如图 3-16 所示为诊断模型总体架构。

3.4.2　SDE-BP 算法流程

SDE 优化 BP 网络算法流程图如图 3-17 所示，结构包含传统的 BP 神经网络和自适应差分进化算法优化两部分，具体步骤如下：

步骤 1：确定 BP 网络拓扑结构，选取网络学习率 $r = 0.1$ 和最大循环次数一级 $\mathrm{Cycle_{max}} = 12000$，二级 $\mathrm{Cycle_{max}} = 500$；初始权重 W 选取标准差为隐藏层节点数的 -0.5 次方的正态分布，初始阈值 B 取 0～1。

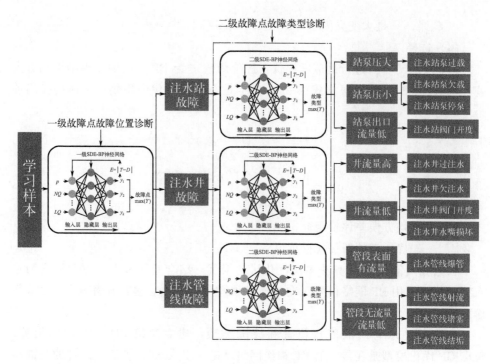

图 3-16　诊断模型总体架构

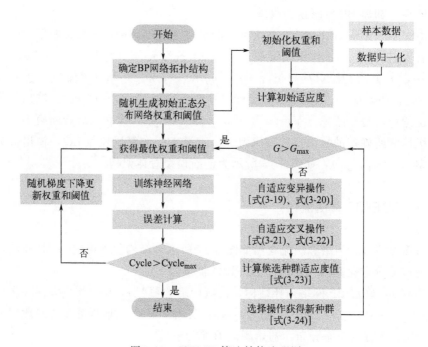

图 3-17　SDE-BP 算法结构流程图

步骤 2：初始化种群。将网络所有权重和阈值个数总和作为种群个体长度 $n=2660$；确定一二级合适的 NP 种群为 20；最大迭代次数 $G_{max}=50$。

步骤 3：自适应变异操作。自适应变异因子 $F_{min}=0.3$，$F_{max}=0.7$。

步骤 4：自适应交叉操作。自适应交叉因子 $C_{min}=0.1$，$C_{max}=0.9$。

步骤 5：选择操作。BP 神经网络正向传播均方误差作为适应度函数对个体进行评价，采用贪婪选择策略，对比新个体和原个体适应度值决定是否用新个体取代旧个体。

步骤 6：重复步骤 3～步骤 5，直至迭代次数 G 满足 $G>G_{max}$，循环结束，获得优化后的个体解即权重和阈值。

步骤 7：选取故障数据作为 BP 网络的样本输入，在输入前做归一化处理，消除不同量纲对计算的影响加速收敛。本书选取节点压力、流量和管段流量作为特诊输入。

步骤 8：BP 神经网络信息正向传播。

步骤 9：误差反向传播。

步骤 10：训练模型当前循环次数大于最大次数 $Cycle>Cycle_{max}$ 时停止训练，获得诊断模型。

3.4.3 故障诊断案例

（1）模拟注水网络系统结构

模拟注水网络系统结构如图 3-18 所示，系统中包含注水站 3 个、注水井 12 个、注水管线 17 条，管道长度为 1000m，与注水站相连管道直径为 500mm，其余管道直径为 300mm，摩阻系数为 0.013，注水井流量均为 50m³/s。

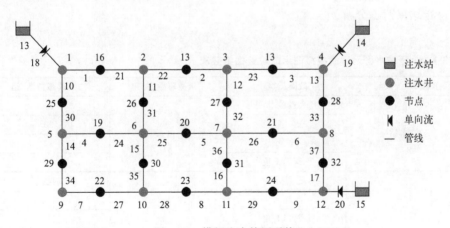

图 3-18　模拟注水管网系统

（2）故障数据

由于注水管网复杂庞大，获取实际测量故障数据困难，本书通过建立注水管网水力数学模型，采用 EPANET 管网水系统模拟软件。EPANET 是一种用于模拟和分析城市供水和排水系统的水力学软件，它可以模拟水力管道网络中的水流和压力分布，以及水质的传输和处理过程，具有水力模拟和水质模拟的能力，因此常用来模拟管道流量、水压、水位、水质等参数，用来评估水力网络的可靠性、安全性和效率。软件在构建管网模型时包含管道、节点、水泵、阀门、水库等组件，通过设置管道的长度、直径、摩阻系数和连通状态，节点需水量和需水模式，水泵的特性曲线和功率，水库的总水头等参数，依据海曾威廉公式 $h = 10.67Q^{1.852}L/C_h^{1.852}D^{4.87}$ 进行水系统水力模型计算，报表输出各节点的压力、流量，各管道的流量、流速、单位水头损失数据，以此作为参考用于评估水力管道网络的性能、检测管道泄漏和堵塞、优化管网设计和运行、预测水质变化等。

模拟故障工况：①注水站故障。增加、降低或停止某一站节点的压力，计算出其他注水站、井和管线的压力和流量，模拟注水站泵过载、欠载、停泵和泵出口流量小故障工况。②注水井故障。小幅度增加或降低井节点的流量或急剧降低注水井节点流量，计算出各部分压力和流量，模拟注水井过注、欠注、阀门未开和配水器水嘴堵塞故障工况。③管线故障。在管段泄漏位置添加新节点，该点将管段分成两条，若节点存在流量，即模拟管网漏损，若相邻管道无流量或流速高则模拟管道堵塞，模拟堵塞、结垢、爆管和射流等故障。

经过模拟计算，共获得总故障数据 1536 组，每组 101 个数据，其中注水站故障数据 144 组，注水井故障数据 576 组，管线故障数据 816 组，每组故障数据包含节点压力、流量和管段流量以及目标值，且均为单点数据，如表 3-1 所示。SDE-BP 网络模型和传统 BP 神经网络，分别对故障点位置和故障类别进行诊断，并进行结果对比分析。

表 3-1　小型注水管网系统模拟注水故障数据组数表

注水系统故障	故障类型	一级故障数据/组	二级故障数据/组
注水站	过载	144	36
	欠载		36
	停泵		36
	站阀门开度		36
注水井	过注水	576	144
	欠注水		144
	井阀门开度		144
	井水嘴堵塞		144

注水系统故障	故障类型	一级故障数据/组	二级故障数据/组
注水管线	爆管	816	204
	射流		204
	堵塞		204
	结垢		204

（3）一级优化网络诊断结果分析

对于模拟的全部故障数据，选取其 90％作为 SDE-BP 网络模型的训练集，剩下 10％作为测试集。一级 SDE-BP 诊断模型输入层-隐藏层-输出层结构为 101-20-32 节点数的三层网络，其中输入层数据对应各节点压力、流量和各管段的流量数据；输出层节点数为各站、井和管段节点和。最大迭代次数为 12000，学习率为 0.1，收敛精度为 0.00037，自适应差分进化算法参数设置为：初始种群规模 20，变异因子最大值为 0.7，最小值为 0.3，交叉因子最大值 0.9，最小值 0.1，最大进化代数为 50 代。

一级 SDE-BP 网络故障点诊断均方误差曲线图如图 3-19 所示，相同网络结构和相同的训练次数下，SDE-BP 网络模型在 6000 次迭代时趋向收敛，均方误差精度为 0.00062，传统 BP 网络模型均方误差精度为 0.00213，在最大迭代次数时，传统 BP 网络模型均方误差为 0.00096，大于同训练次数下 SDE-BP 网络模型的均方误差，对比可得，SDE-BP 相比于传统 BP 网络收敛速度提高 50％，收敛精度提高 56.3％。

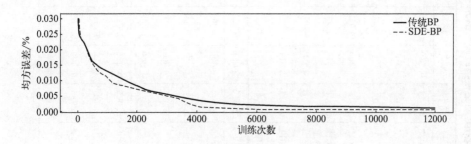

图 3-19　故障点诊断均方误差曲线图

SDE-BP 网络诊断的部分诊断结果如表 3-2 所示，诊断输出结果对比图如图 3-20 所示，一级 SDE-BP 和传统 BP 对站 15、井 5、管段 5 和管段 8 故障点正确诊断；经输出结果对比，BP 相比于 SDE-BP 模型输出偏差较大。由此可知，自适应差分进化优化 BP 网络训练速度快和训练精度高，并且可正确诊断管网故障位置，正确率为 100％。

表 3-2　自适应差分进化优化 BP 网络模型故障点部分诊断数据

故障点		站13	站14	站15	井1	井2	井3	井4	井5	井6	井7	井8	井9	井10	井11	井12	管段1	管段2
SDE-BP	样本1	0.012	0.023	0.971	0.009	0.009	0.009	0.009	0.009	0.009	0.009	0.01	0.009	0.009	0.009	0.009	0.009	0.009
	样本2	0.01	0.01	0.01	0.009	0.009	0.01	0.01	0.99	0.009	0.01	0.01	0.01	0.01	0.009	0.01	0.011	0.01
	样本3	0.01	0.01	0.01	0.01	0.01	0.01	0.01	0.01	0.01	0.01	0.01	0.01	0.01	0.01	0.01	0.01	0.01
	样本4	0.07	0.012	0.01	0.006	0.012	0.013	0.011	0.011	0.012	0.07	0.012	0.015	0.009	0.014	0.007	0.010	0.008
传统BP	样本1	0.023	0.018	0.950	0.015	0.009	0.007	0.014	0.01	0.009	0.011	0.015	0.014	0.010	0.010	0.024	0.012	0.019
	样本2	0.01	0.01	0.01	0.01	0.01	0.01	0.01	0.97	0.01	0.01	0.01	0.01	0.009	0.01	0.01	0.01	0.01
	样本3	0.007	0.011	0.011	0.011	0.011	0.009	0.056	0.011	0.008	0.009	0.008	0.008	0.008	0.013	0.011	0.011	0.019
	样本4	0.01	0.01	0.01	0.01	0.01	0.01	0.01	0.011	0.01	0.01	0.01	0.01	0.01	0.01	0.01	0.01	0.01

故障点		管段3	管段4	管段5	管段6	管段7	管8	管9	管10	管11	管12	管13	管14	管15	管16	管17	诊断结果
SDE-BP	样本1	0.009	0.009	0.009	0.009	0.009	0.009	0.009	0.01	0.009	0.009	0.009	0.009	0.01	0.009	0.009	站15
	样本2	0.01	0.01	0.986	0.01	0.01	0.01	0.01	0.01	0.01	0.01	0.01	0.01	0.01	0.01	0.01	井5
	样本3	0.01	0.01	0.012	0.01	0.01	0.01	0.008	0.01	0.01	0.007	0.015	0.005	0.012	0.008	0.014	管段5~25
	样本4	0.008	0.01	0.009	0.016	0.012	0.991	0.006	0.022	0.014	0.01	0.008	0.088	0.012	0.01	0.006	管段8~28
传统BP	样本1	0.006	0.008	0.009	0.01	0.01	0.008	0.01	0.022	0.011	0.01	0.008	0.088	0.012	0.01	0.006	站15
	样本2	0.01	0.01	0.01	0.01	0.01	0.01	0.01	0.01	0.01	0.01	0.01	0.01	0.01	0.01	0.01	井5
	样本3	0.009	0.01	0.986	0.009	0.011	0.012	0.01	0.01	0.011	0.011	0.015	0.015	0.007	0.011	0.01	管段5~25
	样本4	0.01	0.01	0.01	0.01	0.01	0.969	0.01	0.01	0.01	0.01	0.01	0.01	0.01	0.01	0.01	管段8~28

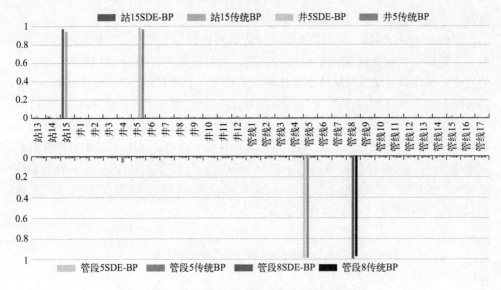

图 3-20　一级故障点诊断输出结果对比图

图 3-21 为一级各故障点诊断结果的相对误差百分数，从图中可以看出，SDE-BP 网络模型诊断故障点相对误差大约在 30%，低于 BP 神经网络模型相对误差精度，井 10 故障点在 SDE-BP 模型和在传统 BP 网络模型诊断下均为 12.672%，诊断精度较高，因此，油田注水管网系统一级诊断中差分进化算法优化 BP 神经网络比传统 BP 网络有更好的诊断精度。

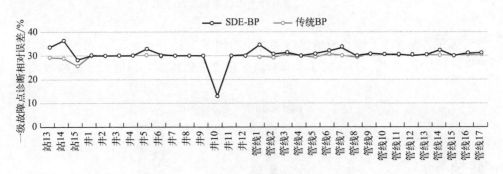

图 3-21　一级故障类别诊断相对误差图

（4）二级优化网络诊断结果分析

依据站故障数据、井故障数据和管线故障数据分别建立网络模型，二级优化网络拓扑结构为 101-20-2，学习率 0.1，最大迭代次数 500，自适应差分进化算法参数设置：初始种群规模 20，变异因子最大值为 0.7，最小值为 0.3，交叉因子最大值 0.9，最小值 0.3，进化代数为 50 代，同时建立 32 个结构相同的网络模型，根据一级诊断结果分别进行二级诊断。

二级 SDE-BP 网络部分故障类型诊断误差曲线图如图 3-22 所示，对站 15、井 5 和管段 8 二级故障类型诊断进行分析，可以看出，传统的 BP 模型相对于自适应差分进化优化 BP 网络模型其诊断误差较大，其中传统 BP 训练下的站 15 阀门开度和井 5 欠注相对误差为 10.018％和 12.4％，SDE-BP 训练下站 15 阀门开度和井 5 欠注相对误差为 1.96％和 2.1％，远小于传统 BP 网络诊断相对误差。其余诊断部分，传统 BP 训练下的相对误差在 0～10％，SDE-BP 训练下的相对误差在 0～7％。由计算可知，对于部分故障点故障类型如站 15、井 5 和管段 8 故障中 SDE-BP 和传统 BP 网络故障类别诊断相对误差均值为 2.381％和 5.545％，优化后的相对误差均值提高 3.164％。

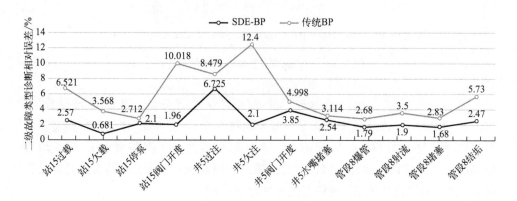

图 3-22　二级故障类别诊断相对误差图

部分二级故障类型诊断输出结果对比图如图 3-23 所示，SDE-BP 网络和 BP 网络可对站 15 过载、井 5 欠注水和管段 8 爆管正确诊断，同时对其他故障类型

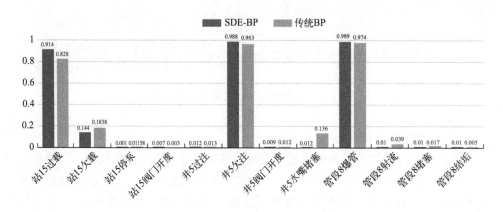

图 3-23　部分故障类型诊断输出结果对比图

也可成功诊断，正确率均为100％，由此可知，自适应差分进化优化BP神经网络可提高传统BP神经网络故障诊断模型的诊断精度。

3.5 管网漏损诊断

油田注水管网系统中绝大多数的管线埋于地下，长时间生产运行难免会发生腐蚀、沉淀或结垢等现象，这些都是造成注水管网漏损的隐患。漏损问题在油田注水管网中是比较常见的且难以避免，这不仅会造成资源的浪费，同时对环境也会造成一定的污染。无论是在油田注水管网中、城市供水管网中，还是天然气输送管网中，只要管网发生漏损时都会产生不小的经济损失。实际生产过程中，管理人员诊断注水管网是否发生漏损的方法主要有两种：①观察流量计是否正常，数据变化是否出现了较大的波动；②观察地面上是否出现渗水现象，若地面上出现明显的漏水则需要进行及时修补。以上两种方法都是凭借工作人员的巡检进行判断，工作量较大，效率较低。本章介绍常用的设备漏损检测方法，主要探讨数据驱动管网漏损检测方法，提出贝叶斯优化的BP神经网络模型进行管网漏损检测，以漏损时各节点压力数据作为依据进行模型训练，再用训练好的模型来检测试验管网从而判定出漏损点位置及区域。

近些年，针对管网漏损问题，国内外学者提出了一系列的检测手段，大致可以分为传统硬件设备检测技术和软件数据驱动检测技术两大类。典型的硬件检测方法有：声音法、探地雷达法和分布式光纤传感等。仅凭借工作人员经验以及硬件设备进行管网漏损检测，运行成本较高，检测范围较小，需对管网进行漏损预定位，局限性较大且时间成本较高。随着通信技术、数据采集技术和数据传输技术的迅速发展，运用管网运行数据进行漏损检测技术成为主流。这类技术在一定程度上克服了漏损检测硬件技术费时费力、依赖检漏人员的经验、检测成本高昂、在较大规模复杂管网中应用效果不佳等局限。

通过采集管网压力、流量等监测数据，使用数学模型、智能算法等完成管网漏损点检测以及漏损区域识别，从而指导管网进行检漏工作。国外学者通过分别模拟管网在无漏损和单点漏损状况下各节点压力，建立管网节点压力灵敏度矩阵，采用相关函数法对漏损特征向量与实际压力变化进行对比，判断出漏损位置。该方法需选择合适的漏损量来计算灵敏度矩阵里的元素，所选漏损量与实际的漏损不符时，检测的结果偏差较大。国内有学者运用压力相关漏损定位法进行管网多个位置漏损点的识别。该方法是基于管网水力计算模型，将管网漏损问题归结为节点喷射流，通过计算节点喷射流系数来判断该节点上是否存在漏损，针对大中型管网，不仅需要精准的水力模型，同时还要保证足够准确的水力监测数据，难以保证有效的水力计算。针对上述方法的局限性，部分学者采用BP神经网络进行研究，通过对样本数据进行训练学习，建立样本数据与漏损状态之间的联系，从而进行管网漏损点定位及漏损区域检测。

3.5.1　常用管网漏损检测设备

管网漏损检测设备的发展离不开电子学、磁学以及声学等理论基础，国内外主要管网检漏仪器有以下几种：

（1）听漏棒

听漏棒检测管网漏损主要是依靠工作人员的经验来判别漏损状态。简单来说，管网维护人员用木制长棒或铁制长棒来敲击管网或管线，通过传递回的声音的音质来判别管网是否存在漏损。该方法较为传统，且不太适用于大多数管线均埋于地下的注水管网的漏损检测。

（2）检漏饼

检漏饼进行管网漏损检测如同医生的听诊器一样，方法上还是主要凭借工作人员的经验，通过声音的传递来判别漏损。相比听漏棒来说，该装置能进行地面检测且能将声音进行放大，一定程度上方便了工作人员的操作，提升了检测效果。

（3）电子声音检测仪

电子声音检测仪在方法上与前两种类似，都是通过声音来进行漏损判别，但检测水平以及智能化程度要远优于前两种方法。电子声音检测仪不仅可以在地面上进行检测，同时还可以用于管道内的检测，声音的振动转换成电流信号，从而进行漏损的检测。最新的检测设备还增加了分析功能，可将无效声音信息进行处理，从而提高了检测的精准性能。

（4）漏损检测仪

漏损检测仪主要用于金属管道的漏损检测。该设备主要通过传感器来获取声音的振动信号，从而判定漏损状态，发现漏损点位置。该设备不受无用信号的干扰，对管道漏损检测的精度较高。但造价成本也比较高，内置电子元件较多。对于微小型的管网结构漏损检测比较合适，对于大型的油田注水管网漏损检测略显逊色。

（5）管线定位仪

管线定位仪装置主要是根据电磁感应原理来进行漏损检测，也只是能够针对金属管线进行检测。该装置不仅能用于管道漏损检测，同时还可以进行管道深度测量，在石油管线领域以及埋地电缆等方面都有广泛的应用。通过电磁场的感应便可确定检测对象埋于地下的方向和深度。

（6）探地雷达

探地雷达是目前漏损检测最常用的设备，最初是日本进行研发使用的，可用于地下输水管线、输气管线以及电缆等检测。该设备主要是通过获取地下图层，根据图像变化来判别漏损状态。不仅能够进行漏损检测定位，同时也可以对预漏损状态进行排查，智能化水平要优于上述设备。

常见的漏损检测设备对于微小型的管网结构都能够较为精准地判定出漏损位置，但并不太适用于大型注水管网检漏。无论是从时间上来看，还是工作人员的工作量来说，效果都是比较差的。因此，下面主要介绍利用自身运行数据来进行漏损检测，即采用 BP 神经网络模型进行注水管网漏损检测。

3.5.2 注水管网漏损状态模拟

管网漏损主要有节点漏损和管段漏损两大类。搭建小型油田注水示例管网，如图 3-24 所示，其中节点单元 18 个，包括注水站 2 个（节点 17 和节点 18）和 16 个注水井，管段单元共计 26 个，各节点单元及管段单元的参数均在图中标出。

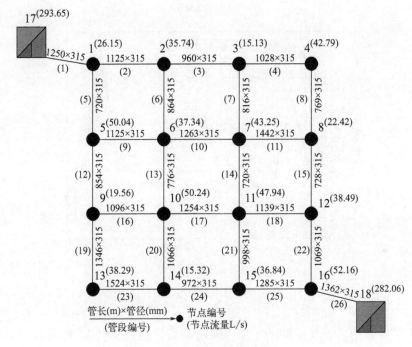

图 3-24 微型注水管网模拟结构

通过增加节点流量的 5%、30%、50% 和 75% 来模拟节点不同程度的漏损；至于管段漏损，在管段中添加虚拟点，设置虚拟点的流量为管段两端节点平均流量的 5%、30%、50% 和 75%，从而模拟出管段不同程度的漏损状态。利用 EP-ANET 软件对示例管网进行水力模拟计算得到各节点压力与流量的比值变化情况，如图 3-25 所示。

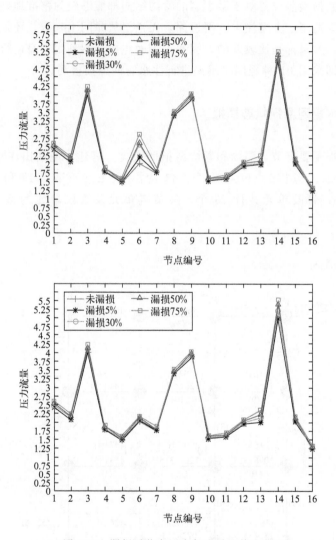

图 3-25　漏损时节点压力与流量比值变化

　　图 3-25 分别是节点 6 和管段 23（两端节点分别为节点 13 和节点 14）发生不同漏损状况下各节点压力与流量的比值变化情况。可以看出，无论是管网中节点发生漏损还是管段发生漏损，压力变化最大的一定是该节点，或者说是该节点附近区域压力受影响较大，且压力的变化很大程度上受漏损流量的影响，漏损流量较大，压力变化会更明显。

3.5.3 贝叶斯正则化优化 BP 神经网络

3.5.3.1 BP 神经网络及其特点

数据驱动的自适应技术是神经网络算法的特征，也是与传统数值算法的最大区别。神经网络模型与传统预测模型相比较而言，可以对复杂的函数变量关系进行估计，具有普遍性的函数逼近器能够对任意连续的函数进行逼近。神经网络是非线性方法，通过对样本数据的训练与学习，能够发掘数据之间的隐含关系，方法灵活有效，适用于解决复杂系统内部的函数关系识别。

设网络的输入模式为 $\boldsymbol{x} = (x_1, x_2, \cdots x_h)^{\mathrm{T}}$，隐藏层有 h 个单元，隐藏层的输出为 $\boldsymbol{y} = (y_1, y_2, \cdots, y_h)^{\mathrm{T}}$，输出层有 m 个单元，它们的输出为 $\boldsymbol{z} = (z_1, z_2, \cdots z_m)^{\mathrm{T}}$，目标输出为 $\boldsymbol{t} = (t_1, t_2, \cdots, t_m)^{\mathrm{T}}$，隐藏层到输出层的传递函数为 f，输出层的传递函数为 g。于是可得：

$$y_j = f\left(\sum_{i=1}^{n} w_{ij}x_i - \theta\right) = f\left(\sum_{i=0}^{n} w_{ij}x_i\right) \tag{3-25}$$

式中　y_j——隐藏层第 j 个神经元的输出，$w_{0j} = \theta$，$x_0 = -1$。

$$z_k = g\left(\sum_{j=0}^{h} w_{jk}y_j\right) \tag{3-26}$$

式中　z_k——输出层第 k 个神经元的输出。

此时网络输出与目标输出的误差为：

$$\varepsilon = \frac{1}{2}\sum_{k=1}^{m}(t_k - z_k)^2 \tag{3-27}$$

下面步骤是进行权值调整，使得 ε 减小。因此可以设定一个步长 η，每次沿负梯度方向调整 η 个单位，即每次权值的调整为：

$$\Delta w_{pq} = -\eta\frac{\partial \varepsilon}{\partial w_{pq}} \tag{3-28}$$

式中　η——神经网络中称之为学习速率。

BP 神经网络的调整顺序为：

① 对隐藏层到输出层之间的权值进行调整，迭代公式为：

$$w_{jk}(t+1) = w_{jk}(t) + \eta\delta_k y_j \tag{3-29}$$

② 对输入层到隐藏层之间的权值进行调整，迭代公式为：

$$w_{ij}(t+1) = w_{ij}(t) + \eta\delta_j x_i \tag{3-30}$$

目前，神经网络主要应用于模式识别、故障诊断、机器视觉以及市场分析等，几乎占据了实际工程的各个领域。其具有显著的特点：

① 与传统的参数模型方法相比较，神经网络算法事先对模型不需要进行任

何假设，它具有数据驱动的自适应功能；

② 神经网络算法具有一定的泛化能力，所谓的泛化能力是指通过样本数据的训练学习后对检测数据的精准反应能力；

③ 神经网络可以以任意的精度逼近任何连续的函数，类似地可以看作具有普遍适应性的函数逼近器；

④ 神经网络是非线性的方法，即每个神经元的输入与输出之间的函数关系都是非线性关系。

3.5.3.2 BP 神经网络算法实现

（1）数据预处理

神经网络模型输入数据时，要对数据进行归一化处理，防止收敛速度慢、训练时间过长等状况的发生。通常是将数据映射到 [0，1] 或 [−1，1] 两种区间方式，常用线性归一转换算法如下，第一种形式为：

$$y = (x - \min)/(\max - \min) \tag{3-31}$$

式中　　min——x 的最小值；

max——x 的最大值；

x——输入向量；

y——归一化后的输出向量。

另一种形式为：

$$y = \frac{2(x - \min)}{\max - \min} - 1 \tag{3-32}$$

（2）神经元个数的确定

神经网络算法中主要需要确定隐藏层神经元的个数，隐藏层神经元的个数对神经网络预测精度影响较大。个数太少，获取信息不够，影响训练精度；相反，个数过多，容易造成权值过拟合，训练时间过长，也会影响预测精度。隐藏层神经元个数受输入和输出层单元个数影响，数量设置参考如下：

$$N_{\text{hid}} = \sqrt{N_{\text{in}} + N_{\text{out}}} + \alpha \tag{3-33}$$

式中　　N_{hid}——隐藏层神经元个数；

N_{in}——输入层神经元个数；

N_{out}——输出层神经元个数；

α——常数，介于 0~10 之间。

（3）其他参数设置

设置最大迭代次数，即神经网络的最大训练次数，通过参数 net. trainparam. epochs 来进行调节；设置训练目标，即神经网络最小误差值，通过参数 net. trainparam. goal 来进行调节；设置学习率，通过参数 net. trainparam. lr 进行调节。

3.5.3.3 贝叶斯正则化算法优化

BP 神经网络是一种利用多个神经元相互连接并按照误差逆向传播组成若干隐藏层的多层前反馈网络。实质是对样本数据进行反复训练拟合，利用隐藏层进行误差修正，并保存训练模型所得的各层权值和阈值等信息，再对检测数据进行验证。BP 神经网络算法简单，功能强大，但在训练过程中也存在一定的缺陷，容易发生过拟合现象，泛化能力较差，收敛稳定性较低。

针对上述神经网络算法的缺陷，可采取贝叶斯正则化手段进行网络权值限制来提高算法的泛化能力，从而提升算法的预测精度。贝叶斯正则化手段主要是将网络权值 w_j 视为由系数 α 和 β 确定的随机变量，依据贝叶斯准则进行网络参数自适应优化。BP 神经网络的平方误差函数为：

$$E_d = \sum_{i=1}^{N} (t_i - z_i)^2 \tag{3-34}$$

式中　N——样本总数；

　　　t_i——第 i 次训练的网络期望输出值；

　　　z_i——第 i 次训练的网络实际输出值。

贝叶斯正则化优化算法中增加一个惩罚项，修正后的性能函数为：

$$f = \alpha E_w + \beta E_d \tag{3-35}$$

其中：$E_w = \sum_{j=1}^{N} w_j^2$

式中　w_j——网络权值；

　　　α，β——正则化系，其取值大小决定了性能函数的训练效果。

3.5.4　管网漏损点定位

采用基于贝叶斯正则化改进的 BP 神经网络对油田注水管网进行漏损点定位。输入层为不同程度漏损状态下各节点压力变化，输出层为各管段编号。针对18 节点注水管网（注水站 2 个，注水井 16 个），依据隐藏层神经元设置个数经验公式将隐藏层节点个数设置为 10 个，设置学习率为 0.05，最大迭代次数为500。随机挑选管段设置虚拟点模拟管段漏损，得到各节点压力变化，进而利用训练好的神经网络对其进行检测，判断出漏损点位置。测试结果如图 3-26 所示。

针对 18 节点管网共有 24 条管段，分别设置虚拟节点流量为两端节点平均流量的 5%、30%、50%和 75%模拟不同程度漏损，共获得样本数据 96 组，利用样本数据对网络进行训练。随机挑选 15 个管段设置虚拟节点，设置节点流量为管段两端节点平均流量的 80%模拟漏损，利用训练好的网络对其进行检测，结果如表 3-3 所示。从表格结果来看，最大绝对偏差为 1.6，最小偏差为 0.05，平

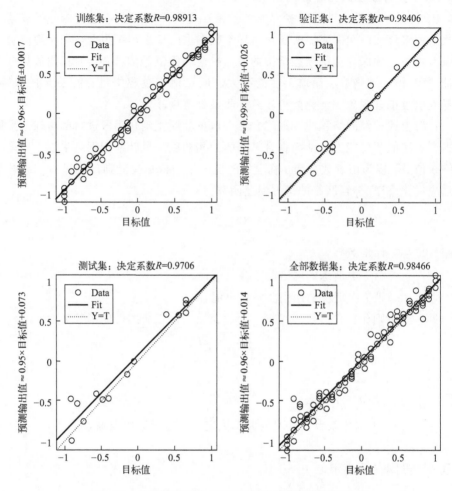

图 3-26　贝叶斯正则化 BP 神经网络模拟管网训练结果

均偏差小于 0.5，诊断正确率为 86.67%。基本上能够满足油田注水管网管段泄漏定位要求。

表 3-3　注水管网 BP 神经网络漏损诊断结果

管网状态	期望输出	实际输出	绝对偏差	诊断结果
管段 2 泄漏	2	2.0515	0.0515	2
管段 3 泄漏	3	2.5680	0.432	3
管段 4 泄漏	4	3.7559	0.2441	4
管段 5 泄漏	5	5.2067	0.2067	5

管网状态	期望输出	实际输出	绝对偏差	诊断结果
管段 6 泄漏	6	5.7686	0.2314	6
管段 8 泄漏	8	6.3954	1.6046	6
管段 10 泄漏	10	9.6968	0.3032	10
管段 11 泄漏	11	10.7027	0.2973	11
管段 12 泄漏	12	11.8624	0.1376	12
管段 14 泄漏	14	13.5193	0.4807	14
管段 18 泄漏	18	19.3025	1.3025	19
管段 19 泄漏	19	19.2100	0.2100	19
管段 21 泄漏	21	20.6136	0.3864	21
管段 23 泄漏	23	23.4567	0.4567	23
管段 25 泄漏	25	25.2959	0.2959	25
平均偏差	—	—	0.4427	误诊 2 个

3.5.5　管网漏损检测模拟

为验证管网漏损检测方法的准确性及适用性，以实验管网平台进行验证，管网实物及平面结构图分别如图 3-27 和图 3-28 所示。

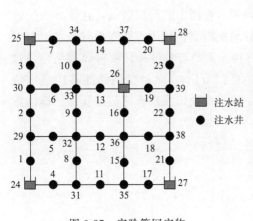

图 3-27　实验管网实物

图 3-28　实验管网平面结构

分别控制各节点处阀门开启状态，从而模拟节点漏损状态。例如开启 5 台注水泵，控制 2 号节点阀门处于全开状态，其他阀门均处于半开状态，模拟实验管网 2 号节点发生漏损事故，提取各节点压力值，数据如图 3-29 所示。然后，将该组数据与管网中所有节点阀门均半开状态时压力值进行作差，并记录下来。建立以节点压力变化值为输入，节点编号为输出的数据表格。采用贝叶斯优化的 BP 神经网络进行训练学习，关键代码如图 3-30 所示，随机改变管网节点阀门状态，利用训练好的神经网络模型进行检测。

```
num=xlsread('test.xlsx','Sheet6','A2:Q112');
input_train=num(1:96,1:16)';
output_train=num(1:96,17)';
input_test=num(97:111,1:16)';
[inputn,inputps]=mapminmax(input_train);
[outputn,outputps]=mapminmax(output_train);
net.trainFcn='trainbr';
net=newff(inputn,outputn,10);
net.trainParam.epochs=500;
net.trainParam.lr=0.05;
net.trainParam.goal=1e-5;
net=train(net,inputn,outputn);
inputn_test=mapminmax('apply',input_test,inputps);
an=sim(net,inputn_test);
BPoutput=mapminmax('reverse',an,outputps);
```

图 3-29　实验管网节点 2 漏损时　　　　　图 3-30　贝叶斯优化的 BP
　　　　各节点测量压力　　　　　　　　　　　神经网络代码

对于小型的实验管网检测精准度较高，贝叶斯优化的 BP 神经网络检测漏损位置方法较为适用。采用管网运行数据驱动方法进行管网漏损点定位成本费用低、节省人力资源、检测效率也更高，虽不能像硬件设备那样精准定位漏损点，但可以识别出管网漏损点的大致位置或辨别出管网中的漏损区域，且该方法受管网规模影响较小，适用于中大型管网进行漏损检测。利用管网漏损时节点压力变化构成样本数据，采用贝叶斯正则化 BP 神经网络有效解决传统神经网络容易过拟合状况，提高泛化能力。从验证结果中可以看出，BP 神经网络能够快速定位漏损区域，是实时诊断管网漏损的有效手段，为油田注水管网监控及维护提供重要理论依据。

第 **4** 章

注水管网评价方法

　　油田注水管网是油田生产作业的重要基础设施和组成部分，也是现代化石油能源的重要保障。油田注水管网系统状态性能评价主要是进行油田注水管网系统的可靠性、充分性、有效性三个方面的评价。注水管网的可靠性是指管网能够保证连续不断地为注水井进行输水，通过保证注水井连续不断的水输入来评价注水管网的结构特性，进而评判出注水管网性能；所谓的充分性，主要是通过流量或压力等数据进行注水管网评价，即保证注水系统中有足够的压力能对注水井进行注水；有效性则是反映注水管网运行的效率，主要是通过注水站中注水泵的效率和注水管网的效率来进行评判。总结起来，油田注水管网运行状态性能主要从管网结构，站、井参数，运行效率三方面进行评价。本章主要从注水管网的可靠性、充分性以及有效性三个方面提出对注水管网的评价方法，同时基于数据可视化的手段搭建油田注水管网智能化监控平台，将管网结构，站、井参数，运行能耗等各类数据清晰地展示出来，便于操作者进行决策。

4.1　注水管网评价基本原则

4.1.1　注水管网可靠性评价标准

　　大部分油田注水管网呈枝环结合结构状态。枝状管网，从注水站到配水间再至各注水井呈树枝状结构，没有回路。管网结构简单清晰，成本相对较低，但可靠性较差，如果任一管段发生漏损，则该管段下游端点所连接管线都将会出现断水情况。环状管网，可靠性要好于枝状结构，若某一段管线出现断损，因为存在回路，可利用其余管线进行供水，从而大大减少断水区域，且环状管网能有效减小"水锤"带来的危害,降低各注水井之间的压力差,但环状管网结构的造价要明显高于枝状管网结构。在保证油田注水安全的同时,又考虑到节约成本,绝大多数的油田都采用枝、环相结合的管网铺设方式。如图 4-1 所示为某油田注水管网系统结构。

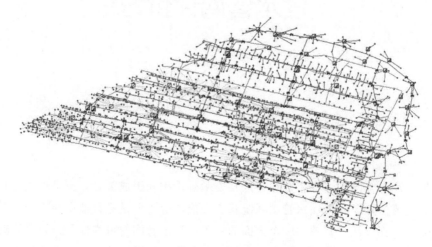

图 4-1　某油田注水管网系统结构

4.1.2　注水管网充分性评价标准

油田注水管网充分性评价方法主要是通过流量和压力等参数进行考察。注水量不宜过高或过低,过低将会导致底层压力不足,影响产油量,而过高会导致注水利用率降低,产量递减速度快,驱油效率降低。然而随着油田的生产运行,管网注水量也要适当进行实时调整。根据生产实践可知,当注水井的日注水量下降超过 $20m^3$ 时属于明显下降,当日注水量上升 20％时也属于注水异常,为扩大注水井的吸水剖面,控制好油层的注水量,实现高效注水的目的,所确定的配注水量 Q_{min} 是衡量注水管网充分性的很好的参数。当节点流量为 Q_{min} 时具有良好的优化服务性能,而当节点流量减少 20％时或者流量大于 $120％Q_{min}$ 时,服务性能下降,即该节点单元不能提供良好的供水服务。

4.1.3　注水管网有效性评价标准

注水管网有效性评价标准主要反映油田注水管网日常生产运行过程中对水资源及能量的利用能力,由于注水管网中各注水井的需水量以及配注水量不同,为了适应实际生产运行过程中注水量的波动变化，需要实时进行注水站开泵运行方案，依据调节阀来控制流量大小，从而达到精准配注的目标。

如图 4-2 所示为注水管网系统能流状态，油田注水生产运行过程中的能量损失主要包括以下四个方面：电机设备的无用功耗，即电机损失 D_1；注水泵的能耗，即水泵损失 D_2；管网中各管线摩擦阻力造成的能耗，即管网（沿程）损失 D_3；注水站及配水间节流阀组能耗，即节流损失 D_4。由上述可知，降低油田注水管网能耗可从这四方面入手。

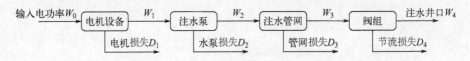

图 4-2　注水管网系统能流状态

4.2　注水系统能耗计算方法及效率分析

油田注水生产运行总会伴随着能量的传递和消耗，下面具体分析注水过程中能量损失计算与各环节效率计算公式。

4.2.1　注水泵系统

（1）机泵效率计算

机泵损失是指电机和注水泵的能量损耗，通常用电机的输入功率减去注水泵的有效功率，即：

$$N_{ep} = N_{ei} - N_{pi} \tag{4-1}$$

式中　N_{ei}——连接第 i 台泵的电机输入功率，kW；

　　　N_{pi}——第 i 台注水泵的有效功率，kW。

注水泵的有效功率通常采用流量法进行计算，即：

$$N_{pi} = \frac{(p_{2i} - p_{1i})Q_{pi}}{3.6} \tag{4-2}$$

式中　Q_{pi}——第 i 台注水泵的排量，m^3/h；

　　　p_{1i}——第 i 台注水泵进口压力，MPa；

　　　p_{2i}——第 i 台注水泵出口压力，MPa。

注水泵运行的经济指标通常指机泵效率，即：

$$\eta_{pi} = \frac{(p_{2i} - p_{1i})Q_{pi}}{3.6 p_{ei}} \times 100\% \tag{4-3}$$

（2）泵管效率

泵出口处到管汇处通常会由泵管压差产生泵管损失，泵管损失计算如下：

$$N_{ni} = \frac{(p_{2i} - p_{3i})Q_{pi}}{3.6} \tag{4-4}$$

式中　p_{3i}——第 i 台注水泵的管压，MPa。

注水泵的泵管网效率公式为：

$$\eta_{ni} = \frac{N'_{pi}}{N'_{pi} + N_{ni}} \times 100\% \tag{4-5}$$

式中　N'_{pi}——第 i 台注水泵的输出功率，kW。

$$N'_{pi} = \frac{p_{3i}Q_{pi}}{3.6} \tag{4-6}$$

（3）注水泵系统效率

管网效率评价指标为注水泵效率，注水泵系统的效率通常可由该台注水泵效率与泵管网效率之积来表示，即：

$$\eta_{pni} = \eta_{pi}\eta_{ni} \tag{4-7}$$

4.2.2　注水站效率

注水站效率计算公式为：

$$\eta_s = \frac{\sum N'_{pi}}{\sum N_{ei}} \times 100\% \tag{4-8}$$

式中　$\sum N'_{pi}$——注水泵输出功率之和，kW；

$\quad\quad\sum N_{ei}$——注水泵电机输入功率之和，kW。

4.2.3　配水间能量损失及其效率计算

配水间的能量损失主要是由阀门、弯头及流量计等附属组件所引起，计算配水间损失功率可采取以下公式：

$$\Delta N_{rj} = N_{rj} - \sum N_{wjk} \tag{4-9}$$

式中　N_{rj}——第 j 座配水间的输出功率，kW。

$$N_{rj} = \frac{p_{4j}Q_{rj}}{3.6} \tag{4-10}$$

式中 p_{4j}——第 j 座配水间压力，MPa；

Q_{rj}——第 j 座配水间配水量，m^3/h；

N_{wjk}——第 j 座配水间输水的第 k 口井的功率，kW。

$$N_{wjk} = \frac{p_{5jk}Q_{wjk}}{3.6} \qquad (4\text{-}11)$$

式中 Q_{wjk}——第 j 座配水间输水的第 k 口井的注水量，m^3/h；

p_{5jk}——第 j 座配水间输水的第 k 口井的井口压力，MPa。

其中第 j 座配水间的效率计算公式如下：

$$\eta_{pj} = \frac{\sum N_{wjk}}{N_{rj}} \times 100\% \qquad (4\text{-}12)$$

4.2.4 注水站至配水间的管网效率

注水站至配水间管网效率的计算公式如下：

$$\eta_{zp} = \frac{\sum N_{rj}}{\sum N'_{pi}} \times 100\% \qquad (4\text{-}13)$$

式中 N_{rj}——注水系统注水站至配水间的功率，kW；

N'_{pi}——注水泵的输出功率，kW。

4.2.5 注水系统的效率

注水系统能量利用情况主要通过计算注水系统效率来进行分析，计算公式为：

$$\eta = \frac{\sum N_{wij}}{\sum N_{ei}} \times 100\% \qquad (4\text{-}14)$$

式中 N_{wij}——注水系统中注水井的功率，kW；

N_{ei}——注水泵电机的输入功率，kW。

4.2.6 注水系统评价方法

4.2.6.1 监测项目与指标要求

根据 GB/T 31453—2015《油田生产系统节能监测规范》的规定，注水系统监测项目（评价指标）与指标要求如表 4-1 所示。

表 4-1 注水系统监测项目与指标要求

监测项目		评价指标	$Q<100$	$100≤Q<155$	$155≤Q<250$	$250≤Q<300$	$300≤Q<400$	$Q≥400$
机组效率 /%	离心泵	限定值	≥53	≥58	≥66	≥68	≥71	≥72
		节能值	≥58	≥63	≥70	≥73	≥75	≥78
	往复泵	限定值	≥72					
		节能值	≥78					
系统效率 /%	离心泵	限定值	≥35					
		节能值	≥40					
	往复泵	限定值	≥40					
		节能值	≥45					
节流损失率/%	离心泵	限定值	≤6					

注：Q 为泵额定排量，单位为立方米/小时（m^3/h）。

对于含有聚合物的注入系统，其监测项目与指标见表 4-2。

表 4-2 注聚系统监测项目与指标要求

监测项目	评价项目	指标评价
机组效率/%	限定值	≥72
	节能值	≥78
系统效率/%	限定值	≥38
	节能值	≥42

表中：

节能监测限定值：在标准规定测试条件下，耗能设备或系统运行时节能监测指标所允许的最低保证值，简称限定值；

节能监测节能评价值：在标准规定测试条件下，耗能设备或系统达到节能运行的节能监测指标最低保证值，简称节能评价值或节能值；

泵出口阀节流损失率：泵输出功率与泵出口调节阀后有效功率之差和泵输出功率的比值，用百分数标识，简称节流损失率。

上述监测指标的测试及计算方法均需参照 GB/T 33653—2017《油田生产系统能耗测试和计算方法》有关规定执行。

根据 SY/T 6569—2017《油气田生产系统经济运行规范 注水系统》相关规定，在满足注水要求、安全运行的前提下，通过优化设计、技术改进和科学管理，使注水系统在高效、低耗状态下运行；当注水压力和注水量发生变化时，应及时对注水管网进行调整改造，注水干线的阻力损失宜控制在 1.0MPa 以内。

4.2.6.2　系统经济运行评价

（1）机组评价

当机组效率大于或等于表 4-1、表 4-2 中规定的限定值时，则认定为经济运行，低于注水泵机组效率的限定值时，则认定为运行不经济；当机组效率大于或等于表中节能值，则认定为节能型。

（2）站内管网运行评价

节流损失率小于表 4-1 中规定的限定值，则认定站内管网经济运行，否则认为不经济。

（3）系统运行评价

如果机组、管网中有一项被认定为不经济，则认定注水系统运行不经济；反之，若上述都被认定为经济时，如果系统效率大于或等于表 4-1 和表 4-2 中规定的节能评价值，则认定注水系统运行经济；如果系统效率大于或等于上述表中规定的限定值且小于节能评价值，则认定注水系统运行合格；如果系统效率小于上述表中规定的限定值，则认定注水系统运行不经济。若上述各项均认定为节能型，则整个注水系统可认定为节能型注水系统。

第 **5** 章

油田注水系统优化调度技术

5.1 注水泵在管网中的调控方法

5.1.1 管路特性曲线

虽然前面讨论了注水泵的性能曲线，但是在实际运行中，注水泵的工作点处于性能曲线上的哪一点并不知道，因为当注水泵在管路系统工作时，其实际工作状况不但取决于注水泵本身的性能曲线，还与管路的特性曲线有关。

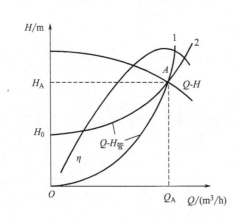

图 5-1 离心泵和管路的性能曲线

离心泵的管路系统，按流体流过泵的能量增值所发挥的作用可分为两类：

① 无背压系统，即流体流过泵的能量增值全部用于克服管路阻力的系统。例如空调冷却水系统、通风系统、热水采暖系统及其他液体闭式循环系统等，都属于无背压系统。这种系统的管路特性曲线为 $H = SQ^2$，是一条以坐标原点为顶点的抛物线，见图 5-1 中的曲线 1。

② 有背压系统，即流体通过泵的能量增值，一部分用于克服管路阻力，另一部分用于提升液体势能（包括位能和压力能）的系统。这种系统的管路特性曲线方程为 $H = H_0 + SQ^2$（式中，H_0 为背压头，即流体通过系统的势能提升），见图 5-1 中的曲线 2，抛物线的顶点不通过坐标原点，而是以点 $(0, H_0)$ 为抛物线顶点。

油田注水系统的管路属于非循环式供水系统，是有背压系统，其管路特性曲线可用下面公式描述：

$$H_{管} = h_{高差} + h_{损} + \frac{p_2 - p_1}{\gamma} \tag{5-1}$$

式中　$H_{管}$——管路所需的扬程，m；

$h_{高差}$——排出罐液面与吸入罐液面的高差，m；

$h_{损}$——管路中的阻力损失，m；

p_2，p_1——排出液面和吸入液面的压力，Pa；

γ——所输液体的重度，N/m^3。

当 $p_2 = p_1 = p_a$（大气压力）时

$$H_{管} = h_{高差} + h_{损} = h_{高差} + 0.08266\lambda \frac{L}{d^5}Q^2 \tag{5-2}$$

式中　λ——阻力系数；

L——管路长度，m；

d——管路直径，m；

Q——管路中的流量，m^3/h。

5.1.2　注水泵在管网中运行的工作点

将泵的性能曲线与管路性能曲线用同样的比例绘在同一张图上，如图 5-1 所示。其中 Q-H 曲线与 Q-$H_{管}$ 曲线的交点 A 就是注水泵在管网中运行的工作点，当注水泵的性能曲线和管路性能曲线任意一方发生变化时，都会导致注水泵的工作点发生移动或变化。

5.1.3　注水泵的调控方法

注水泵调节的实现就是改变注水泵工作点的位置，从而调节注水泵的流量。由图 5-1 中工作点的概念可知，在同一系统中，当注水泵和管路任何一方的特性曲线发生变化时，都会引起注水泵工作点的变化，所以对注水泵进行调节可以从两个方面进行考虑：一是改变注水泵的特性曲线；二是改变管路的特性曲线。在油田现场，常见的调节方法有以下几种。

（1）注水泵出口阀门节流调节

节流调节的原理就是改变管路特性曲线，从而改变注水泵的工作点，主要是通过改变注水泵出口管线的闸阀的开度来实现的。如图 5-2 所示，假设最初注水泵以额定转速 n_1 工作，管路特性曲线为 R_1，则 A_1 为注水泵的工作点，图中，

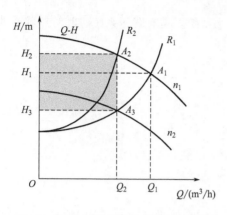

图 5-2 离心泵的节流和变速调节曲线

O、Q_1、A_1、H_1 四点围成的矩形面积是此时注水泵的输出功率。如果需要把注水泵的排量降为 Q_2，必须关小注水泵出口管线上的闸阀开度，增加管路阻力，管路阻力特性曲线由 R_1 变为 R_2，曲线变陡，此时注水泵的工作点移动到 A_2 点，图中，O、Q_2、A_2、H_2 四点围成的矩形面积与注水泵的输出功率相对应。由此可见，当调节阀门使注水泵的排量减少时，注水泵的输出功率有一定的减小，但不如流量降低那么明显。

（2）大功率高压变频器调速

安装变频器，直接对注水泵的驱动电动机进行变速调节，其原理就是通过改变注水泵转速来改变泵的特性曲线，从而改变注水泵的工作点。见图 5-2，当注水泵的排量减小不是通过阀门调节，而是通过变频器的变速来实现时，注水泵的转速由 n_1 降为 n_2，A_3 为注水泵的工作点，图中，O、Q_2、A_3、H_3 四点围成的矩形面积是此时注水泵的输出功率。通过对比可以看出，对注水泵进行变频调速与阀门节流调节相比，节能效果是十分明显的，图中，H_3、A_3、A_2、H_2 四点围成的灰色矩形面积即是节约的能量，当阀门的开度逐渐减小时，消耗在阀门上的能量也会逐渐增加，这就是我们平常所说的泵管压差所造成的能量损失。

对注水泵进行变频调速具有调节效率高，实现泵的软启停、恒压（或恒流）控制，完全消除泵管压差等优点，但是由于注水用的离心泵都是高压大排量的离心泵，必须安装大功率高压变频器对其进行变速调节。大功率高压变频器价格昂贵，一次性投资大，同时技术改造周期长，而且维护也比较困难，在油田注水系统中应用较少。

（3）注水泵减级

多级离心式注水泵实际相当于多个单级离心泵的串联工作，总排量与各单级泵相等，总扬程为各单级泵扬程之和，总功率为各单级泵功率之和。减级后在排量不变的情况下，总扬程以单级泵所供扬程大小阶梯式下降，总功率也以单级泵所耗功率大小阶梯式下降。

注水泵减级具有投资费用低，技术成熟可靠、实施见效快，改造工作量少、施工周期短等优点，但不一定能完全消除泵管压差，而且受到注水水压的限制。

（4）泵控泵（PCP）技术

正是由于大功率高压变频器的缺点，使其在油田注水系统中的广泛应用受到了限制，为了使注水泵与管网性能很好地匹配，西安石油大学吴九辅等，专门针对注水泵为多级离心泵的注水站改造而研发了泵控泵技术，即 PCP 技术（PUMP-CONTROL-PUMP）。PCP 技术是基于双泵的串联，通过对前置泵机组的变频仪表测控来控制注水泵的工作点，使其始终在高效区，从而使系统效率最高，达到节能的目的，也使系统运行参数可以进行智能调节。目前在油田注水系统中有较大范围的应用。

1）PCP 系统调压调流原理　如果某多级离心式注水泵泵管压差过大，就先对该泵实施减级操作，然后在注水泵（主泵）前端安装一台增压泵，两泵串联工作，小功率增压泵为注水泵提供吸入压力，使两泵恰当匹配。如图 5-3 所示，$Q\text{-}H_增$ 为增压泵特性曲线，$Q\text{-}H_主$ 为注水主泵特性曲线，两台泵串联工作的特点是：系统的总流量等于每台泵的流量，总扬程等于两台泵扬程之和。即

$$H_总 = H_主 + H_增 \tag{5-3}$$

$$H_总 = mH'_主 + H_增 \tag{5-4}$$

式中　m——注水泵级数；

$H'_主$——注水泵单级扬程。

由变频调速的特性可知，当增压泵进行变频调速后扬程以二次方下降，可得：

$$H_{增2} = (n_2/n_1)^2 H_{增1} \tag{5-5}$$

所以

$$H_总 = mH'_主 + (n_2/n_1)^2 H_增 \tag{5-6}$$

可见，调节主泵的级数 m 和增压泵的转速 n 就可以调节 $H_总$，m 为阶梯式调节，n 为连续式调节。

$$Q_总 = Q_主 = Q_增 \tag{5-7}$$

由变频调速的特性，当增压泵进行变频调速后流量以一次方下降，可得：

$$Q_{增2} = (n_2/n_1)Q_{增1} \tag{5-8}$$

所以

$$Q_总 = (n_2/n_1)Q_{增1} \tag{5-9}$$

可见，调节增压泵的转速 n 就可以调节系统的总流量 $Q_总$。

所以注水主泵与增压泵串联组合后，总的特性曲线 $Q\text{-}H_总$ 是注水主泵特性 $Q\text{-}H_主$ 和增压泵特性 $Q\text{-}H_增$ 的叠加，见图 5-3。当对增压泵电动机进行小变频调速控制后，就能实现泵控泵，使注水泵始终工作在高效区，从而提高系统效率。

从图 5-3 中可以看出：对于低阻管

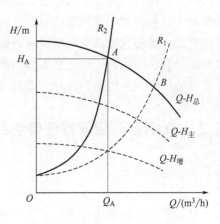

图 5-3　串联组合泵的特性曲线

路系统 R_1，当两泵串联后，主要增加的是流量（B 为注水泵的工作点），对于高阻管路系统 R_2，压头的增幅大些（A 为注水泵的工作点）。

2）PCP 系统节能原理

① 对于主泵来讲，原来出口阀门无法完全打开（如果打开就会出现过流、电动机过载等），只能采用憋压运行，这样能量就浪费在阀门上，采用 PCP 技术后，注水泵出口阀门可以完全打开，由增压泵来控制压力和流量，这样浪费在阀门上的能量就会节约下来。

② 提高了注水泵入口压力，从而改善了注水泵的工作状况，使注水泵的工作点向高效区移动，因此其注水泵的效率得以增加。

③ PCP 技术应用时主泵拆级：原来完全由注水泵输出的能量，现在由增压泵来承担一部分。由于注水泵是多级泵，泵效相对偏低，而增压泵为平衡离心泵，泵效相对比较高。由高效率的增压泵来替换低效率的注水泵拆级部分功能（注水泵拆级后减小扬程、排量，由增压泵来补偿），拆级后省下的能量增压泵没有用完，其差值就是节能部分。再加上增压泵还可以进行变频调节，更进一步节约能量。

④ PCP 技术可进行压力、流量的自动化调节，这样一来可最大限度地对泵管压差进行减少，直到趋近于零。而泵管压差的降低，实际上就是系统有用功率的提高，从而达到节能的目的。

⑤ 吸负作用：注水泵与增压泵的合理匹配，利用主泵的吸空能力可以提高系统效率，降低增压泵负荷。

20 世纪 50 年代中期创立了仿生学，人们从生物进化的机理中受到启发，提出了许多用于解决复杂优化问题的新方法，如遗传算法、蚁群算法、进化规划、进化策略等。研究成果已经显示出这些算法在求解复杂优化问题（特别是离散优化问题）方面具有很强的优越性。注水系统优化无论是系统结构优化还是优化运行都是大型复杂的非线性优化问题，国内外许多学者提出不少的求解算法，但在求解速度、解的收敛及解的精度等方面还需进一步研究。本书认真分析了遗传算法和蚁群算法的特点、优势、解题步骤，提出将二者取长补短、相互融合，形成了适合油田注水系统运行优化的新型自适应蚁群遗传混合算法。

5.2　新型自适应蚁群遗传混合算法的提出

5.2.1　遗传算法

遗传算法是模拟生物在自然环境中的遗传和进化过程而形成的一种自适应全局优化搜索算法。它具有并行计算的特性与自适应搜索的能力，可以从多个初值点、多路径进行全局最优或准全局最优搜索，尤其适用于求解大规模复杂的多维非线性规划问题。

5.2.1.1 遗传算法的特点

在工程实践中，常常会遇到各种各样的优化问题。目标函数和约束条件种类繁多：线性的，非线性的；连续的，离散的；单峰值的，多峰值的。而且解的空间也较大，解空间中参变量与目标值之间的关系又非常复杂。所以，在复杂系统中寻求最优解一直是人们努力解决的重要问题。

传统的优化方法主要有三类。

① 基于微分的方法：包括直接法（如爬山法）和间接法（如求导法）。在求解问题时，首先在最优解可能存在的地方选择一个初始点，然后通过分析目标函数的特性，由初始点移到一个新的点，然后再继续这个过程。这类方法要求导数存在而且容易得到。

② 穷举法：在连续的有限搜索空间或离散的无限搜索空间中，对所有可行解进行搜索，计算并比较每一点的目标函数值，求出最优解。例如动态规划法、隐枚举法和完全枚举法等。该方法简单易行，但是当搜索空间大时，计算量的迅速增加使这类算法失效。

③ 随机搜索方法：包括模拟退火法等。模拟退火法在实际应用中比较成功，但是模拟退火法在搜索时仅处理一个个体，当从一点到另一点的迭代过程，容易使多峰问题陷入局部最优解，并且计算量过大。

与传统的优化方法相比，遗传算法的特点就大大地显露出来，主要表现在以下几个方面：

① 传统的优化算法往往直接利用决策变量的实际值本身进行优化计算，但遗传算法的处理对象不直接作用在优化问题的决策变量上，而是将搜索过程作用在编码后的字符串上。此编码操作使得遗传算法可以直接对结构对象进行操作。所谓结构对象，泛指集合、序列、矩阵、树、图、链和表等各种一维或二维甚至多维结构形式的对象。这一特点使得遗传算法具有广泛的应用领域。

② 许多传统的搜索方法都是从某一个单一的初始点开始搜索，这种单点搜索方法，对于多峰分布的搜索空间常常会陷于局部的某个单峰的极值点，而不是全局极值点。而遗传算法从一组初始点开始搜索，采用的是同时处理群体中多个个体的方法，给出的是一组优化解，而不是一个优化解。这一特点使遗传算法能在解空间内充分搜索，具有较好的全局搜索性能和优化能力，也使得遗传算法本身易于并行化，可通过并行计算来提高计算速度，因而更适用于大规模复杂问题的优化。

③ 现行的大多数优化算法都是基于线性、凸性、可微性等要求，而遗传算法仅用适应度函数值来评估基因个体，而无需搜索空间的知识或其他辅助信息，

对问题的依赖性较小，因而具有高度的非线性。对适应度函数的唯一要求是，对于输入可计算出能够进行比较的输出值即可。遗传算法的这一特点使它具有广泛的适用性，尤其在用于目标函数不可微、不连续、表达式复杂，或无解析表达式等复杂优化问题时更显示出超强的能力来。

④ 遗传算法在搜索过程中不是采用确定性规则，而用到的是启发式随机的变换规则。遗传算法执行选择、交叉、变异等类似生物进化过程的简单随机操作，具有极强的鲁棒性，利用概率的变迁来引导其搜索过程朝着搜索空间的更优化的解区域移动，从而增加了其搜索过程的灵活性，具有更高的搜索效率。

⑤ 遗传算法具有很强的易修改性。即使对原问题进行很小的改动（比如目标函数的改进），现行的大多数算法就有可能完全不能使用，而遗传算法则只需作很小的修改就完全可以适应新的问题。此外还可以写出一个通用算法，以求解许多不同的优化问题。

⑥ 遗传算法具有可扩展性，易于与传统方法如梯度法、爬山法、模拟退火算法、列表寻优法、牛顿法等优化思想融合而构成混合遗传算法，从而提高了遗传算法的运行效率和求解质量。这些遗传算法都有共同的特点，即通过选择、交叉、变异机理等遗传操作，来完成对问题最优解的自适应搜索过程。

5.2.1.2　遗传算法的基本原理与方法

遗传算法是一种基于生物进化原理而构想出来的搜索最优解的仿生算法，它通过模拟基因重组与进化的自然过程，把要解决优化问题的参数编成二进制码、十进制码或其他进制码的形式，即基因，若干基因组成一个染色体（又叫个体），许多染色体进行类似于自然选择、配对交叉和变异的运算操作，经过多次重复迭代或遗传，直至最后得到满意的优化结果。其涉及的原理和方法如下：

（1）编码

编码是应用遗传算法时要解决的首要问题，也是非常关键的一步。遗传算法的编码就是解的遗传表示，即把一个问题的可行解从其解空间转换到遗传算法所能处理的搜索空间的转换方法就称为编码。而由遗传算法解空间向问题空间的转换就称为解码。

遗传算法常用的编码方法有二进制编码和浮点数编码，在遗传算法执行过程中，针对不同的具体问题采用不同的编码方法，编码的好坏直接影响遗传算法的选择、交叉、变异等遗传操作。

二进制编码方法是遗传算法中最主要的一种编码方法，它使用二进制符号0和1构成一个二进制编码符号串作为个体的基因型，符号串的长度与问题所要求的求解精度有关。二进制编码简单易行，便于遗传操作，但二进制编码存在着连续函数离散化时的映射误差，当个体编码符号串的长度较短时，可能达不到精度的要求，而长度较大却会使遗传算法的搜索空间急剧扩大。所以对于一些多维、高精度要求的连续函数优化问题，使用二进制编码来表示个体时将会有一些不利之处。

为了克服二进制编码方法的缺点，人们提出了浮点数编码方法，即个体的每个基因值用某一范围内的一个浮点数来表示，个体编码长度等于其决策变量的个数，也叫真实值编码方法。该方法适合于精度要求较高的遗传算法，并且在遗传算法中可以表示较大范围的数，便于在大空间内的遗传搜索。采用该编码方法改善了遗传算法的计算复杂性，提高了运算效率，使遗传算法能够与其他经典优化方法融合。

（2）初始群体的生成

随机产生 N 个初始串结构数据，每个串结构数据称为一个个体，N 个个体构成了一个群体，遗传算法以这 N 个串结构作为初始点开始迭代。N 即每一代个体的总数，也即初始解的个数。N 的取值大小对结果和计算时间都有影响，N 越大，所需时间越多，但由于迭代终止条件取决于母体总体的平均水平，故 N 的大小对迭代次数影响明显。为了让初始解在解空间分布均匀，N 不能取太小，否则容易收敛到局部最优解；群体规模 N 可以根据实际情况在 10～200 之间选定。

（3）适应度值评价检测

在遗传算法中，使用适应度的概念来度量群体中各个个体或解的优劣性，适应度值较高的个体遗传到下一代的概率就较大，而适应度较低的个体遗传到下一代的概率就相对较小。度量个体适应度的函数称为适应度函数，也叫评价函数。适应度函数总是非负的，任何情况下都希望其值越大越好。适应度函数的设计主要满足以下几个条件：

① 单值、连续、非负、最大化。

② 合理、一致性，要求适应度函数值反映对应解的优劣程度。

③ 计算量小，适应度函数设计应尽可能简单，这样可以减少计算时间和空间上的复杂性，降低计算成本。

④ 通用性强，适应度函数对某类具体问题应尽可能通用。

1）确定适应函数的常用简单转换方法 若 $f(x)$ 为目标函数，通过简单转换得到的适应度函数是目标函数的简单变形，对于求最小值的优化问题，适应度函数可以取为：

$$\text{Fit}(x) = \begin{cases} C_{\max} - f(x) & \text{if } f(x) < C_{\max} \\ 0 & \text{if } f(x) \geqslant C_{\max} \end{cases} \tag{5-10}$$

式中，$C_{\max}$ 为一个适当的相对比较大的数，是 $f(x)$ 的最大估计值，也可以是一个合适的输入值。

对于求最大值的优化问题，适应度函数可以取为：

$$\text{Fit}(x) = \begin{cases} f(x) + C_{\min} & \text{if } f(x) + C_{\min} > 0 \\ 0 & \text{if } f(x) + C_{\min} \leqslant 0 \end{cases} \tag{5-11}$$

式中，$C_{\min}$ 为一个适当的相对比较小的数，是 $f(x)$ 的最小估计值，也可以是一个合适的输入值。

2）适应度尺度变换　应用实践表明，仅使用式（5-10）或式（5-11）来计算个体适应度时，有些遗传算法会收敛很快，也有些会收敛很慢，所以为了提高遗传算法的性能，有时在遗传算法运行的不同阶段，还需要对个体的适应度进行适当的扩大或缩小，这种变换就称为适应度尺度变换。

① 线性尺度变换

$$F' = \alpha F + \beta$$

式中　F'——尺度变换后的新适应度；

F——原适应度；

α，β——系数，确定方法见相关文献。

② 乘幂尺度变换

$$F' = F^k$$

式中　k——幂指数。

③ 指数尺度变换

$$F' = \exp(-\beta F)$$

式中，系数 β 决定了选择的强制性，β 越小，原有适应度较高的个体的新适应度就越与其他个体的新适应度相差较大，即越增加了选择该个体的强制性。

（4）选择

选择是在群体中选择生命力强的个体产生新的群体的过程。选择操作建立在对个体的适应度进行评价的基础之上，遗传算法使用选择算子来对群体中的个体进行优胜劣汰操作。最常用和最基本的选择算子是比例选择算子。所谓比例选择算子，是指个体被选中并遗传到下一代群体中的概率与该个体的适应度大小成正比。

设群体大小为 M，个体 i 的适应度为 F_i，则个体 i 被选中的概率 p_{is} 为：

$$p_{is} = F_i / \sum_{i=1}^{M} F_i \quad (i = 1, 2, \cdots, M)$$

然后根据轮盘赌的选择方法挑选出好的个体进入下一代种群。

（5）交叉

交叉运算是遗传算法区别于其他进化算法的重要特征，是产生新个体的主要方法。所谓交叉运算，是指对两个相互配对的染色体按某种方式相互交换其部分基因，从而形成两个新的个体。一般情况下要求交叉算子既不要太多地破坏个体编码串中表示的优良性状的优良模式，又要能够有效地产生出一些较好的新个体模式。

在遗传算法中，常用的二进制编码交叉方法有单点交叉、多点交叉、均匀交叉和匹配交叉等。下面介绍一下单点交叉，其操作过程如下：

① 对所有个体进行两两随机配对，若群体大小为 M，则共有 $M/2$ 对相互配对的个体组。

② 对每一对相互配对的个体，随机设置某一基因座之后的位置为交叉点，若染色体的长度为 N，则共有 $N-1$ 个可能的交叉点位置。

③ 对每一对相互配对的个体，依据设定的交叉概率在其交叉点处相互交换两个个体的部分染色体，从而产生出两个新的个体。

对两个父个体进行简单交叉运算，如果交叉点选择为 6，交叉后两个子个体为：

子个体1 □ □ □ □ □ □ ┆ □
子个体2 □ □ □ □ □ □ ┆ ■ ■

对于实数编码，最常用的交叉方法是算术交叉法，是指由两个个体的线性组合而产生出两个新的个体。假设在两个父个体 X_1、X_2 之间进行算术交叉运算，交叉后产生两个新的子个体为：

$$\begin{cases} X'_1 = \alpha X_2 + (1-\alpha)X_1 \\ X'_2 = \alpha X_1 + (1-\alpha)X_2 \end{cases}$$

其中，α 为一个参数。当 α 为常数时，为均匀算术交叉；当 α 是一个由进化代数所决定的变量时，为非均匀算术交叉。

在优化的过程中，交叉概率的选择非常重要，因为它始终控制着遗传运算中起主导地位的交叉算子。如果交叉概率选择不合适，会导致意想不到的后果。交叉概率控制着交叉操作被使用的频度。较大的交叉概率可使各代充分交叉，但群体中的优良模式遭到破坏的可能性就会增大，以致产生较大的代沟，从而使搜索走向随机化；交叉概率越低，产生的代沟就越小，这样将保持一个连续的解空间，使找到全局最优解的可能性增大，但进化的速度反而会越慢；如果交叉概率太低，就会使得更多的个体直接复制到下一代，遗传搜索可能陷入停滞状态。一般交叉概率 p_c 的取值范围是 0.4～0.99。

（6）变异

变异运算是对遗传算法的改进，对交叉过程中可能丢失的某种遗传基因进行修复和补充，也可防止遗传算法尽快收敛到局部最优解。遗传算法中的变异是指以较小的概率对个体编码串上的某个或某些位值进行改变，进而生成新个体。

对于二进制编码的个体，变异操作就是个体在变异点上的基因值取反，即用

0 替换 1，或用 1 替换 0，如有 8 位变量的个体，第 4 位发生变异：

变异前　1 0 1 1 0 0 1 1

变异后　1 0 1 0 0 0 1 1

对于浮点数编码的个体，若某一变异点处的基因值的取值范围为 $[x_{\min},$ $x_{\max}]$，则变异操作就是用该范围内的一个随机数去替换原基因值，如随机选择某基因位，其一般形式为：

$$x' = x \pm \Delta$$

其中，Δ 为一小的扰动量，只要保证 x' 的取值在 $[x_{\min}, x_{\max}]$ 范围内即可，在优化过程中视具体情况而定。

交叉运算是产生新个体的主要方法，它决定了遗传算法的全局搜索能力；而变异运算只是产生新个体的辅助方法，它决定了遗传算法的局部搜索能力，变异算子用新的基因值替换原有的基因值，从而可以改变个体编码串的结构，维持群体的多样性，防止出现早熟现象。

变异概率控制着变异操作被使用的频度。当变异概率取值较大时，虽然能够产生较多的个体，增加了群体的多样性，但也有可能破坏掉很多好的模式，使得遗传算法的性能近似于随机搜索算法的性能；如果变异概率取值太小，则变异操作产生新个体和抑制早熟现象的能力就会较差。实际应用中发现：当变异概率 p_m 很小时，解群体的稳定性好，一旦陷入局部极值就很难跳出来，易产生未成熟收敛；而增大 p_m 的值，可破坏解群体的同化，使解空间保持多样性，搜索过程可以从局部极值点跳出来，收敛到全局最优解。在求解过程中也可以使用可变的 p_m，即算法早期 p_m 取值较大，扩大搜索空间；算法后期 p_m 取值较小，加快收敛速度。一般取值范围是 0.0001～0.1。

（7）终止条件判断

遗传算法是一种反复迭代的搜索方法，它通过多次进化逐渐逼近最优解，而不一定是恰好等于最优解，因此需要确定其终止条件。

最常用的终止方法是规定一个最大的遗传代数 T，当算法迭代次数 $t > T$ 时，则以进化过程中所得到的具有最大适应度的个体作为最优解输出，终止运算。当目标函数是方差这一类有最优目标值的问题时，可采用控制偏差的方法实现终止。一旦遗传算法得出的目标函数值与实际目标函数值之差小于允许值后，算法终止。终止条件也可通过检查适应函数值的变化来实现，如果群体平均适应函数值变化率和最优个体适应函数值变化率小于许可精度，则可以认为群体处于稳定状态，群体进化基本收敛，可结束群体进化过程，否则继续群体的进化过程。同时也可以应用上述几种终止规则的组合。

5.2.1.3　基本遗传算法的解题步骤

遗传算法的主要构造过程示意图见图 5-4，其具体解题步骤描述如下：

步骤 1：确定优化问题的决策变量及其各种约束条件，即确定出个体的表现型 X 和问题的解空间。

步骤 2：建立优化问题的数学模型，即确定目标函数是求最大值还是最小值及其数学描述形式或者量化的方法。

步骤 3：确定表示可行解的染色体编码方法，即确定个体基因型 X 及遗传算法的搜索空间。

步骤 4：确定解码方法，即确定由个体基因型 X 到个体表现型 X 的对应关系或转换方法。

步骤 5：确定个体适应度的量化评价方法，即确定由目标函数值 $f(X)$ 到个体适应度 $F(X)$ 的转换规则。

步骤 6：设计遗传算子，即确定出选择运算、交叉运算、变异运算等遗传算子的具体操作方法。

步骤 7：确定遗传算法的有关运行参数，即确定出遗传算法的群体大小 M、遗传运算的终止进化代数 T、交叉概率 p_c、变异概率 p_m。

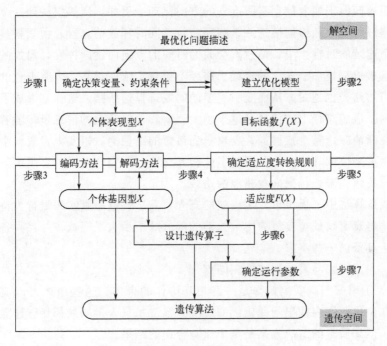

图 5-4　遗传算法的主要构造过程示意图

遗传算法提供了一种求解复杂系统优化问题的通用框架，它不依赖于问题的具体领域，对问题的种类有很强的鲁棒性。它的应用领域很广，涉及函数优化的问题、组合优化的问题、图像处理以及自动控制等众多领域。

5.2.2 蚁群算法

5.2.2.1 蚁群的行为

生物学家通过对蚂蚁的长期观察研究发现，尽管蚂蚁个体比较简单，智能并不高，看起来没有集中的指挥，但整个蚂蚁群体却表现为高度机构化和社会组织，它们能够协同工作，集中食物，建起坚固漂亮的蚁穴并抚养后代，在许多情况下依靠群体能力发挥出超出个体的智能，完成远远超过蚂蚁个体能力的复杂任务。

蚂蚁虽然没有视觉，但是却能在没有任何可见提示下找出从蚁穴到食物源的最短路径，并且能随环境的变化而变化地搜索新的路径，产生新的选择。通过研究发现：在从食物源到蚁穴并返回的过程中，蚂蚁能在其走过的路径上释放出一种和路径长度有关的，叫做信息素的化学物质，通过这种方式形成信息素轨迹。蚂蚁在运动过程中能够感知信息素的存在及其强度，并以此来指导自己的运动方向，使蚂蚁倾向于朝着信息素强度高的方向移动。例如：当蚂蚁碰到一个还没有走过的路口时，就随机地挑选一条路径前行，同时释放信息素。由于自然界是存在于一个连续的时空当中，信息素会因为时间的流逝而逐渐挥发，蚂蚁的行进和留下信息素也都是一个连续的过程。路径上信息素浓度越高，表明走过的蚂蚁也越多，当然路径也越短，从而吸引更多的蚂蚁选择这条路，这样便形成了一个正反馈机制。最短路径上的信息量越来越大，而其他路径上的信息量却随着时间的流逝而逐渐消减，整个蚁群最终会聚集到最短的路径上。事实上，蚂蚁个体之间通过信息素来协调其行动，并通过组队相互支援，这完全是一种自组织行为，蚂蚁根据自我组织来选择通向食物源的路径。

在蚁群算法中，提出了人工蚂蚁的概念。人工蚂蚁是真实蚂蚁行为特征的一种抽象，将真实蚂蚁觅食行为中最关键的部分赋予了人工蚂蚁，并且具备了真实蚂蚁所不具备的一些本领。

（1）人工蚂蚁与真实蚂蚁的相同点

① 人工蚂蚁与真实蚂蚁都是一群相互协作的个体，这些个体可以通过相互的合作在全局范围内找出问题较优的解决方案。每只人工蚂蚁都能够建立一个解决方案，但高质量的解决方案是整个蚁群合作的结果。

② 人工蚂蚁和真实蚂蚁都要完成一个相同的任务，即寻找一条从源节点（巢穴）到目的地节点（食物源）的最短路径。人工蚂蚁和真实蚂蚁都不具有跳跃性，它们只能在相邻节点之间一步步移动，直至遍历完所有的节点。

③ 人工蚂蚁和真实蚂蚁都是使用信息素进行信息的交流。人工蚂蚁模拟真

实蚂蚁，在其走过的路径上释放信息素，而且信息素会随着时间的流逝而逐渐挥发，其他蚂蚁在运动过程中通过感知路径上信息素强度，来自组织寻找最短路径。

（2）人工蚂蚁与真实蚂蚁的不同点

① 人工蚂蚁存在于一个离散的空间中，它们的移动实质上是从一个离散状态到另一个离散状态的跃迁。

② 人工蚂蚁存在于一个与时间无关联的环境之中，并且具有记忆或智能功能，能够记忆过去已经访问过的节点或行为。

③ 人工蚂蚁释放一定量的信息素，它是蚂蚁所建立的问题解决方案优劣程度的函数。人工蚂蚁释放信息素的时间可以视情况而定，而真实蚂蚁是在移动的同时释放信息素，而且人工蚂蚁通常是在建立了一个可行的解决方案之后再进行信息素的更新。

④ 人工蚂蚁有一定的视觉，在选择下一条路径的时候，并不是完全盲目的，而是按一定的启发信息有意识地寻找最短路径。

⑤ 为了提高系统的总体性能，改善算法的优化效率，人工蚁群被赋予了许多其他的本领，如预测未来、局部优化和原路返回等，这些都是真实蚂蚁所不具备的。

蚁群算法（ant colony algorithm，ACA）就是模拟蚂蚁群体智能行为，最新发展起来的一种仿生优化算法。

5.2.2.2 蚁群算法的原理

蚁群算法的提出最早是用于求解平面上 n 个城市的旅行商问题（traveling salesman problem，TSP），它是 NP（non-deterministic poly-nominal）类中最困难的一类问题。该问题的蚁群算法模型的数学描述是蚁群算法思想的经典表述。

旅行商问题（TSP）的描述如下：给定 n 个城市和它们两两之间的直达距离，要求寻找一条闭合的旅行路线，使得每个城市刚好经过一次且总的旅程最短。其图论描述为：给定图 $G=(V，E)$，其中，V 为点的集合，E 为各顶点相互连接组成的边的集合，已知各顶点间的连接距离，要求确定一条长度最短的 Hamilton 回路，即遍历所有顶点当且仅当一次的最短回路。

设 $b_i(t)$ 表示 t 时刻位于城市 i 的蚂蚁数量；$\tau_{ij}(t)$ 为 t 时刻边 $(i，j)$ 上的信息素强度；m 为蚁群中蚂蚁的总数目，n 表示 TSP 规模，于是有 $m=\sum_{i=1}^{n}b_i(t)$；$\Gamma=\{\tau_{ij}(t)\mid c_i，c_i\subset C\}$ 是 t 时刻集合 C 中城市两两连接 l_{ij} 上残留信息素量的集合，l_{ij} 为点 i 到点 j 的路径长度。初始时刻，各条路径上的信息素量相等，设 $\tau_{ij}(0)=M$（M 为常数）。基本蚁群算法的寻优是通过有向图 $g=(C，L，\Gamma)$ 实现的，L 为 l_{ij} 的集合。

蚂蚁 $k(1, 2, \cdots, m)$ 在运动过程中根据各条路径上的信息素量决定转移方向。这里用禁忌表 $\mathrm{tabu}_k(k=1, 2, \cdots, m)$ 来记录蚂蚁 k 当前所走过的城市，在 t 时刻，蚂蚁 k 在城市 i 选择城市 j 的转移概率为

$$P_{ij}^k(t) = \begin{cases} \dfrac{[\tau_{ij}(t)]^\alpha [\eta_{ij}(t)]^\beta}{\sum\limits_{s \in \mathrm{allowed}_k} [\tau_{is}(t)]^\alpha [\eta_{is}(t)]^\beta} & , \ j \in \mathrm{allowed}_k \\ \\ 0 & , \ \text{否则} \end{cases} \tag{5-12}$$

式中，$\mathrm{allowed}_k = \{C - \mathrm{tabu}_k\}$ 表示蚂蚁 k 下一步允许选择的城市；α 为信息启发式因子，表示轨迹的相对重要性，反映了蚂蚁在运动过程中所积累的信息在蚂蚁运动时所起的作用，其值越大，则该蚂蚁越倾向于选择其他蚂蚁经过的路径，蚂蚁之间协作性越强；β 为期望启发因子，表示能见度的相对重要性，反映了蚂蚁在运动过程中启发信息在蚂蚁选择路径中的受重视程度，其值越大，则该状态转移概率越接近于贪心规则；$\eta_{ij}(t)$ 为启发函数，其表达式如下：

$$\eta_{ij}(t) = \frac{1}{d_{ij}} \tag{5-13}$$

式中 d_{ij}——两相邻城市 i 和 j 之间的距离。

对蚂蚁 k 而言，d_{ij} 越小，则 $\eta_{ij}(t)$ 越大，则 $P_{ij}^k(t)$ 也就越大。显然，该启发函数表示蚂蚁从城市 i 转移到城市 j 的期望程度。

每只蚂蚁走完一步或者完成对所有 n 个城市的遍历（也即一个循环结束）后，要对各路径上信息素含量进行更新或调整。$t+n$ 时刻在路径 (i, j) 上的信息素含量可按如下规则进行调整。

$$\tau_{ij}(t+n) = (1-\rho)\tau_{ij}(t) + \Delta\tau_{ij}(t) \tag{5-14}$$

$$\Delta\tau_{ij}(t) = \sum_{k=1}^m \Delta\tau_{ij}^k(t) \tag{5-15}$$

式中 ρ——信息素挥发系数；

$1-\rho$——信息素残留因子，为了防止信息的无限积累，ρ 的取值范围为：$\rho \subset [0, 1)$；

$\Delta\tau_{ij}(t)$——本次循环中路径 (i, j) 上的信息素增量；

$\Delta\tau_{ij}^k(t)$——第 k 只蚂蚁在本次循环中留在路径 (i, j) 上的信息量。

根据信息素更新策略的不同，Dorigo M 提出了三种不同的基本蚁群算法模型，分别称之为蚁密模型（ant-density）、蚁量模型（ant-quantity）和蚁周模型（ant-cycle）。

在蚁密模型中

$$\Delta\tau_{ij}^k(t) = \begin{cases} Q, & \text{若第 } k \text{ 只蚂蚁在 } t \text{ 和 } t+1 \text{ 之间经过}(i, j) \\ 0, & \text{否则} \end{cases}$$

式中 Q——一只蚂蚁在经过路径 (i,j) 上每单位长度释放的信息素量。

在蚁量模型中

$$\Delta\tau_{ij}^{k}(t)=\begin{cases} \dfrac{Q}{d_{ij}}, & \text{若第 } k \text{ 只蚂蚁在} t \text{ 和} t+1 \text{ 之间经过} (i,j) \\ 0, & \text{否则} \end{cases}$$

在蚁周模型中

$$\Delta\tau_{ij}^{k}(t)=\begin{cases} \dfrac{Q}{L_{k}}, & \text{若第 } k \text{ 只蚂蚁在本次循环中经过} (i,j) \\ 0, & \text{否则} \end{cases}$$

式中 L_{k}——第 k 只蚂蚁在本次循环中所走过的路径长度。

从上面三种不同的蚁群算法模型中可以看出：在蚁密模型中，从城市 i 到 j 的蚂蚁在路径上释放的信息素为一个与路径质量无关的常量 Q。在蚁量模型中，从城市 i 到 j 的蚂蚁在路径上释放的信息素量为 Q/d_{ij}，因而所释放的信息素会随着城市间距离的不同而变化。由此可见，蚁密模型和蚁量模型信息素的更新利用的是局部信息，当蚂蚁从一个城市转移到另一个邻近城市后立刻进行局部信息素的更新。而蚁周模型中，从城市 i 到城市 j 的蚂蚁释放的信息素为 Q/L_{k}，L_{k} 为第 k 只蚂蚁在该次循环中所走过路径的总长度，所以蚁周模型利用的是整体信息进行信息素的更新，当蚂蚁完成一个循环后更新所有路径上的信息素。信息素浓度与该次循环中所获得的解的优劣有关，更新规则使得较短路径所对应的信息素逐渐增大。另外，如果某一条路径没有被选中，那么该路径上的信息素会随着时间的延续而逐渐减弱，使系统逐渐忘记不好的路径。

以 TSP 为例，基本蚁群算法的具体实现步骤如下：

步骤 1：对参数进行初始化。令时间 $t=0$ 和循环次数 $N_{c}=0$，设置最大循环次数 $N_{c\max}$，将 m 只蚂蚁置于 n 个城市上，令有向图上每条边 (i,j) 的初始化信息量 $\tau_{ij}(0)=C$（C 为常数），且初始时刻 $\Delta\tau_{ij}(0)=0$。

步骤 2：令循环次数 $N_{c}=N_{c}+1$。

步骤 3：设置蚂蚁的禁忌表索引号 $k=1$。

步骤 4：令蚂蚁数目 $k=k+1$。

步骤 5：根据状态转移概率公式(5-12)计算的概率值来选择城市 j 并完成前进，$j\in\{C-\text{tabu}_{k}\}$。

步骤 6：修改禁忌表指针，即选择好之后将蚂蚁移动到新的城市，并把该城市移动到蚂蚁个体的禁忌表中。

步骤 7：若集合 C 中城市未遍历完，即 $k<m$，则跳转到步骤 4，否则执行步骤 8。

步骤 8：根据式(5-14)和式(5-15)更新每条路径上的信息量。

步骤 9：若满足结束条件，即如果循环次数 $N_c \geqslant N_{cmax}$，则循环结束并输出程序计算结果，否则清空禁忌表并跳转到步骤 2。

算法的程序流程如图 5-5 所示。

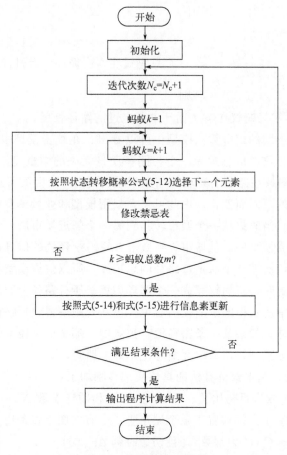

图 5-5　蚁群算法流程图

5.2.2.3　蚁群算法的特点及应用

尽管蚁群算法的严格理论基础尚未奠定，国内外的相关研究还处于实验探索和初步应用阶段，但是目前人们对蚁群算法的研究已经由当初单一的旅行商问题（TSP）渗透到了多个应用领域，由于该算法具有全局优化能力和本质上的并行性，且比起遗传算法具有求解时间短等优点，因而该算法受到了人们的广泛重视，现已由解决一维静态优化问题发展到解决多维动态组合优化问题，由离散域范围内的研究逐渐拓展到了连续域范围内的研究，而且在蚁群算法的硬件实现上也取得了很多突破性的研究进展，从而使这种新兴的仿生优化算法展现出勃勃生机和广阔的发展前景。

该算法具有如下的优点：

① 算法采用正反馈的原理，在较优解经过的路径留下更多的信息素，更多的信息素又吸引了更多的蚂蚁，这个正反馈的过程使得初始值不断地扩大，同时又引导整个系统向着最优解的方向进化，最终收敛于最优路径上。

② 自组织是算法的另一个重要特征，这也是遗传算法、人工神经网络、微粒群算法、人工免疫算法、人工鱼群算法等仿生优化算法的共有特征。在算法开始的初期，单只人工蚂蚁无序地寻找解，经过一段时间的算法演化，人工蚂蚁越来越趋向于寻找到接近最优解的一些解，这恰恰体现了从无序到有序的自组织进化。

③ 算法具有较好的鲁棒性。自组织大大增强了算法的鲁棒性，传统的算法都是针对某一具体问题而设计的，这往往建立在对该问题有了全面清晰认识的基础上，通常很难适应其他问题。而自组织的蚁群算法不需要对待求解问题的所有方面都有所认识，因而较容易应用到一类问题中。

④ 算法具有优良的分布式计算机制。所有的仿生优化算法均可看做按照一定规则在问题解空间搜索最优解的过程，所以搜索点的初始选取就直接关系到算法求解结果的优劣和算法寻优的效率。当求解许多复杂问题时，从一点出发的搜索受到局部特征的限制，可能得不到所求问题的满意解；而基本蚁群算法则可看做是一个分布式的多智能体系统，它在问题空间的多点同时独立地进行解搜索，而整个问题的求解不会因为某只人工蚂蚁无法成功获得解而受到影响，不仅使得算法具有较强的全局搜索能力，也增加了算法的可靠性。

⑤ 蚁群算法是一种全局优化的方法，不仅可用于求解单目标优化问题，而且可用于求解多目标优化问题，该算法很容易与其他多种启发式算法结合，优势互补，改善算法的性能。

蚁群算法的缺点是：初期信息素匮乏，求解速度慢，与其他方法相比，该算法一般需要较长的搜索时间，蚁群算法的复杂度可以反映这一点，而且蚁群算法容易出现停滞现象，即搜索到一定程度后，所有个体所发现的解完全一致，不能对解空间进一步搜索，不利于发现更好的解。

5.2.2.4 连续域蚁群算法的改进

连续域蚁群算法的改进研究很多，工程上的实际问题通常表达为一个连续的最优化问题，随着问题规模的增大以及问题本身复杂度的增加，对优化算法的求解性能提出越来越高的要求。而基本蚁群算法优良高效的全局优化性能，却只能适用于离散的组合优化问题。因为基本蚁群算法的信息量留存、增减和最优解的选取都是通过离散的点状分布求解方式来进行的，所以基本蚁群算法从本质上只适合离散域组合优化问题，离散性的本质限制了其在连续优化领域中的应用。在连续域优化问题的求解中，其解空间是一种区域性的表示方式，而不是以离散的点集来表示。因此，将基本蚁群算法寻优策略应用于连续空间的优化问题需要解决以下三点。

① 调整信息素的表示、分布及存在方式是至关重要的一点。在组合优化问题中，信息素存在于目标问题离散的状态空间中相邻的两个状态点之间的连接上，蚂蚁在经过两点之间的连接的时候释放信息素，影响其他蚂蚁，从而实现一种分布式的正反馈机制，每一步求解过程中的蚁群信息素留存方式只是针对离散的点或点集分量；而用于连续域寻优问题的蚁群算法，定义域中每个点都是问题的可行解，不能直接将问题的解表示成为一个点序列，显然也不存在点间的连接，只能根据目标函数值来修正信息量，在求解过程中，信息素物质则是遗留在蚂蚁所走过的每个节点上，每一步求解过程中的信息素留存方式在对当前蚁群所处点集产生影响的同时，对这些点的周围区域也产生相应的影响。

② 改变蚁群的寻优方式。由于连续域问题求解的蚁群信息留存及影响范围是区间性的，非点状分布，所以在连续域寻优过程中，不但要考虑蚂蚁个体当前位置所对应的信息量，还要考虑蚂蚁个体当前位置所对应特定区间内的信息量累计与总体信息量的比较值。

③ 改变蚁群的行进方式。将蚁群在离散解空间点集之间跳变的行进方式变为在连续解空间中微调式的行进方式。

5.2.3 遗传算法与蚁群算法融合的基本思想

遗传算法和蚁群算法都具有适应范围广、通用性能强等共同的特点，广泛用于离散系统工程优化。遗传算法具有快速随机的全局搜索能力，特别是当交叉概率比较大时，能产生大量的新个体，提高了全局搜索范围，其隐含的并行性能够有效收敛于目标解，用于解决大规模的优化问题具有一定的优势，但是它对于系统中的反馈信息利用却无能为力，当求解到一定范围时往往做大量的冗余迭代，使得求精确解效率降低。蚁群算法采用正反馈原理，通过信息素的累积和更新收敛于最优路径上，具有局部搜索能力强和收敛速度比较快等优点，但初期信息素匮乏，求解速度慢，而且全局搜索能力相对遗传算法来说要弱一些。

熊志辉等通过对遗传算法与蚁群算法的研究与实验发现，两种方法在总体态势上呈现出如图 5-6 所示的速度-时间曲线。遗传算法在搜索的初期 $t_0 \sim t_a$ 时间段具有较高向最优解收敛的速度，但 t_a 之后求最优解的效率显著降低。而蚂蚁算法在搜索的初期 $t_0 \sim t_a$ 时间段，由于信息素缺乏，使得搜索速度缓慢，但当信息素积累到一定的强度之后（t_a 时刻之后），向最优解收敛的速度迅速提高。

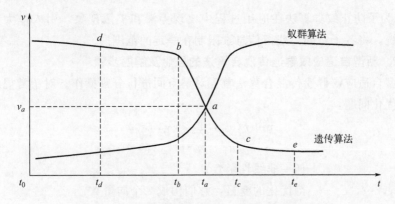

图 5-6 遗传算法与蚁群算法速度-时间曲线

从以上分析可以看出，遗传算法和蚁群算法都各有自己的特点，而且两种算法具有互补性，能否把二者有机地融合在一起，扬长避短、优势互补，形成一种在时间效率上优于蚁群算法在求解效率上优于遗传算法的混合算法，是实现注水系统运行优化的关键技术。

5.2.3.1 遗传算法与蚁群算法融合的策略

遗传算法与蚁群算法融合的策略，根据两种算法在某个融合算法中所处的地位和优势不同，大体上可以划分为两大类：一类是以蚁群算法为主体的混合蚁群算法，如利用遗传算法寻找蚁群算法中 ρ、α、β 的最优组合；另一类是以遗传算法为主体的混合遗传算法。蚁群算法最适合于求离散空间的最优解，在连续空间优化时不是很方便；而遗传算法没有此限制。对于离散域蚁群和遗传算法的融合，目前研究比较多，算法也基本成熟，其主要思想是先利用遗传算法比较强的全局搜索能力，在大范围内寻找一组粗略解，形成一定的蚁群初始信息素分布，然后以这组粗略解为蚁群算法初始路径，用蚁群算法快速寻找最优解。而用遗传算法和蚁群算法融合来求解连续空间优化问题，尤其是复杂大型优化问题时，成熟的方法还很少，正是目前很多学者研究和急需攻克的问题。

在连续域内，遗传算法与蚁群算法融合所面临的困难就是如何对连续系统进行离散化处理，把连续空间转化为类似于用蚁群算法求解旅行商问题而得到的一个类似图形。如果遗传算法采用二进制编码方式是一个比较好的解决方案，用二进制编码的方法表示蚁群算法中的旅行路径，利用信息素分布来处理连续函数的计算。本书所研究的注水系统运行优化是一个大型复杂的连续优化系统，在优化过程中，采用的是十进制的编码方式，在借鉴了赵佩清等提出的新型蚁群算法的基础上，提出了两点改进，形成了自适应新型蚁群遗传混合算法。改进如下：

① 为了提高蚁群算法的求解效率，避免计算结果陷入局部的最优状态，提出对信息素挥发系数采用自适应控制策略。

② 为了防止蚁群算法在应用过程中出现停滞和扩散现象，引入最大、最小蚂蚁系统，将各子空间的残留信息素限制在一定的范围内。

5.2.3.2 新型自适应蚁群遗传混合算法的思想及解题步骤

新型自适应蚁群遗传混合算法首先对解空间进行分割操作。对于常规的带约束连续优化问题：

$$\min f(x_1, x_2, \cdots, x_n) \tag{5-16}$$

$$l_i \leqslant x_i \leqslant u_i \quad (i=1, 2, \cdots, n) \tag{5-17}$$

式中　　　　　f——任一非线性函数；

$x_1, x_2, \cdots, x_n$——待优化的变量，它们构成一个向量 $\boldsymbol{X}$；

l_i——对应第 i 维变量的取值下限；

u_i——对应第 i 维变量的取值上限。

将各维变量的取值范围划分成 N 个子区间，则子区间长度为：

$$L_i = \frac{u_i - l_i}{N} \quad (i=1, 2, \cdots, n) \tag{5-18}$$

则第 i 维的第 j 个子区间的取值范围为：

$$[l_i + (j-1)L_i, \ l_i + jL_i] \quad (i=1, 2, \cdots, n; \ j=1, 2, \cdots, N) \tag{5-19}$$

在每一维优化变量的搜索空间 $[l_i, u_i](i=1, 2, \cdots, n)$ 内部都放置相同数量的蚂蚁，设为 m 只蚂蚁，n 维变量一共有 $m \times n$ 只蚂蚁，其中，第 i 维搜索空间内的蚂蚁只对该维空间内部进行搜索，而不会转移到其他维空间。设第 i 维搜索空间内部的第 k 只蚂蚁对应优化变量值为 x_{ki}，则 $x_k = [x_{k1}, x_{k2}, \cdots, x_{kn}](k=1, 2, \cdots, m)$ 为优化问题的一个解，即每一维变量的搜索空间中，编号相同的蚂蚁将会构成优化函数的一个解。

（1）算法的总体思想

① 将蚁群在解的搜索空间内部按一定的方式作初始分布，并确定每只蚂蚁所在的各维变量的子区间号。

② 根据蚁群所处解空间位置的优劣情况来决定当前蚁群的信息素分布。

③ 根据当前蚁群散布的总信息素分布以及上一个循环中信息素的遗留及挥发情况，决定各子区间内应有的蚂蚁数量。

④ 根据各个子区间内应有的蚁群分布与当前蚁群分布之间的差别，决定蚁群的移动，同时实现各子区间内的选择、交叉和变异遗传操作。在完成一次蚁群整体移动及遗传操作之后又可返回②进行相应的信息素分布、蚁群移动及遗传操作。如此循环往复，直到产生最优解。

（2）算法的具体步骤

步骤1：将各优化变量空间分割成 N 个子区间，则第 i 维优化变量每个子区

间的长度 $L_i = \dfrac{u_i - l_i}{N}(i = 1, 2, \cdots, n)$，每维优化变量搜索空间内的蚂蚁数为 m，循环次数计数器 $k_c = 1$。

步骤 2：随机产生 m 个初始解 $\boldsymbol{X}_1$，$\boldsymbol{X}_2$，$\cdots$，$\boldsymbol{X}_m$，计算它们的函数值 f_1，f_2，$\cdots$，f_m 和相应的适应度函数值 fitness_1，fitness_2，$\cdots$，fitness_m。确定 m 个初始解的各个分量所属的子区间，设 x_{ki} 是 x_k 的第 i 维分量，如果 $l_i + (j-1)L_i < x_{ki} \leqslant l_i + jL_i(k = 1, 2, \cdots, m; i = 1, 2, \cdots, n; j = 1, 2, \cdots, N)$，则 x_{ki} 属于第 j 个子区间，对各维分量的各子区间进行信息素的初始化：

$$\tau_{ij} = \sum_{k=1}^{m} \Delta \tau_{ij}^k \tag{5-20}$$

$$\Delta \tau_{ij}^k = \begin{cases} Q\text{fitness}_k & , \text{若蚂蚁 } k \text{ 的解落入第 } i \text{ 维分量的第 } j \text{ 个子区间} \\ 0 & , \text{否则} \end{cases}$$

$$\tag{5-21}$$

式中　$\Delta \tau_{ij}^k$——蚂蚁 k 在第 i 维分量的第 j 个子区间内留下的信息量；

　　Q——常数。

统计落入各个子区间内的蚂蚁数量 $\text{Num1}_{ij}(i = 1, 2, \cdots, n; j = 1, 2, \cdots, N)$，则 $m = \sum\limits_{j=1}^{N} \text{Num1}_{ij}$。

步骤 3：根据各维变量各个子区间的信息素浓度 $\tau_{ij}(i = 1, 2, \cdots, n; j = 1, 2, \cdots, N)$ 在所有子区间的信息素浓度和中的比例 $\tau_{ij}/\sum\limits_{j=1}^{N} \tau_{ij}(i = 1, 2, \cdots, n; j = 1, 2, \cdots, N)$，重新分配各个子区间里实际应该拥有的蚂蚁数量 $\text{Num2}_{ij}(i = 1, 2, \cdots, n; j = 1, 2, \cdots, N)$，则 $m = \sum\limits_{j=1}^{N} \text{Num2}_{ij}$。

步骤 4：蚂蚁进行移出操作。如果 $\text{Num2}_{ij} < \text{Num1}_{ij}$，则将第 i 维第 j 个子区间中（$\text{Num1}_{ij} - \text{Num2}_{ij}$）只适应度较差的蚂蚁从该子区间移出，保存在一个移出蚂蚁列表中，当所有蚂蚁移出操作结束后，进行下一步操作。

步骤 5：蚂蚁进行移入操作。如果 $\text{Num2}_{ij} > \text{Num1}_{ij}$，则从移出蚂蚁列表中按照先入先出的顺序依次移入（$\text{Num2}_{ij} - \text{Num1}_{ij}$）只蚂蚁到该子区间，最终构成新的解 $\boldsymbol{X}_1^{(1)}$，$\boldsymbol{X}_2^{(1)}$，$\cdots$，$\boldsymbol{X}_m^{(1)}$。

步骤 6：分别计算 $\boldsymbol{X}_1^{(1)}$，$\boldsymbol{X}_2^{(1)}$，$\cdots$，$\boldsymbol{X}_m^{(1)}$ 的函数值 $f1_1$，$f1_2$，$\cdots$，$f1_m$ 和适应度函数值 fitness1_1，fitness1_2，$\cdots$，fitness1_m。

步骤 7：对各维各子区间内蚂蚁进行选择、交叉和变异遗传进化，产生 m 个子代解 $\boldsymbol{X}_1^{(2)}$，$\boldsymbol{X}_2^{(2)}$，$\cdots$，$\boldsymbol{X}_m^{(2)}$。

步骤 8：分别计算 $\boldsymbol{X}_1^{(2)}$，$\boldsymbol{X}_2^{(2)}$，$\cdots$，$\boldsymbol{X}_m^{(2)}$ 的函数值 $f2_1$，$f2_2$，$\cdots$，$f2_m$ 和

适应度函数值 fitness2$_1$，fitness2$_2$，…，fitness2$_m$。

步骤9：将 $\boldsymbol{X}_1^{(2)}$，$\boldsymbol{X}_2^{(2)}$，…，$\boldsymbol{X}_m^{(2)}$ 与 $\boldsymbol{X}_1^{(1)}$，$\boldsymbol{X}_2^{(1)}$，…，$\boldsymbol{X}_m^{(1)}$ 进行一一比对，挑选新解 $\boldsymbol{X}_k$：

$$\boldsymbol{X}_k = \begin{cases} \boldsymbol{X}_k^{(2)} & ，f2_k < f1_k \text{ 或 fitness2}_k > \text{fitness1}_k \\ \boldsymbol{X}_k^{(1)} & ，\text{否则} \end{cases} \tag{5-22}$$

步骤10：按下式对每维变量的各子区间的信息素进行更新操作。

$$\tau_{ij}(t+1) = \rho(t+1)\tau_{ij}(t) + \Delta\tau_{ij} \tag{5-23}$$

引入最大-最小蚂蚁系统，将信息素限制在 $[\tau_{\min}, \tau_{\max}]$：

$$\tau_{ij}(t+n) = \begin{cases} \tau_{\min}, & \tau_{ij}(t) \leqslant \tau_{\min} \\ \tau_{ij}(t), & \tau_{\min} < \tau_{ij}(t) \leqslant \tau_{\max} \\ \tau_{\max}, & \tau_{ij}(t) > \tau_{\max} \end{cases} \tag{5-24}$$

其中信息素挥发系数采用自适应控制策略：

$$\rho(t+1) = \begin{cases} C\rho(t), & C\rho(t) > \rho_{\min} \\ \rho_{\min}, & \text{否则} \end{cases} \tag{5-25}$$

式中　C——设定的挥发约束系数；

　　　$\rho_{\min}$——信息素残留系数下界。

步骤11：将 Num2$_{ij}$ 赋值给 Num1$_{ij}$，$k_c = k_c + 1$。

步骤12：重复执行步骤3～步骤11，直到满足终止条件为止。

（3）算法中的遗传操作

在各维各子区间里面进行选择、交叉、变异等遗传操作，具体方法如下：

① 如果子区间里的候选值为0，即候选组里没有候选值，则跳过该子区间，什么也不做。

② 如果子区间里只有一个候选值，则跳过选择、交叉等操作，直接对该候选值进行变异操作。

③ 如果子区间里只有两个候选值，则跳过选择操作，直接对这个候选值进行交叉、变异操作。

④ 否则，选择两个候选值后进行交叉、变异操作。

在选择操作中，根据候选组里各候选值的适应度大小，用"赌轮"的方法选取两个值，设第 j 个值所在解的适应度为 f_j，则它被选中的概率为 $f_j / \sum_{k=1}^{N} f_k$。

为了加速收敛并防止局部优化，采用具有自适应性的交叉、变异操作，根据解的适应度值 fitness 可按照下式定义其相对适应度 F。

$$F = \begin{cases} \dfrac{\text{fitness} - \text{fitness}_{\min}}{\text{fitness}_{\max} - \text{fitness}_{\min}}, & \text{fitness}_{\max} \neq \text{fitness}_{\min} \\ 1, & \text{否则} \end{cases}$$

式中　fitness$_{max}$——本代群体中最大的适应度值；

　　　fitness$_{min}$——本代群体中最小的适应度值。

在交叉操作中，设第 i 维第 j 个子区间中的两个值为 $x_i(1)$ 和 $x_i(2)$，其适应度分别为 fitness$_1$、fitness$_2$，记 fitness$_{ave}$ = (fitness$_1$ + fitness$_2$)/2。这里以 fitness$_{ave}$ 来衡量 $x_i(1)$ 和 $x_i(2)$ 的整体适应度，也作为交叉操作所产生的结果 $x'_i(1)$ 和 $x'_i(2)$ 的适应度值。可根据 fitness$_{ave}$ 相应的相对适应度 F_{ave} 来决定实际交叉概率 p_c，取 $p_c = p_{cross}(1 - F_{ave})$，其中，$p_{cross}$ 为系统预设的交叉概率。这样，对于来自整体适应度较大的一对解的分量值，其实行交叉的概率较小；反之，实行交叉的概率就较大。随机产生 $p \in [0, 1]$，若 $p > p_c$，则进行交叉操作。取 $b = 2(1 - F_{ave})$，产生两个随机数 c_1，$c_2 \in [-b, b]$，使 $c_1 + c_2 = 1$，将 $x_i(1)$ 和 $x_i(2)$ 作仿射组合产生交叉结果值 $x'_i(1)$ 和 $x'_i(2)$ 来替换 $x_i(1)$ 和 $x_i(2)$，其表达式为：

$$x'_i(1) = c_1 x_i(1) + c_2 x_i(2), \quad x'_i(2) = c_2 x_i(1) + c_1 x_i(2) \tag{5-26}$$

在变异阶段，对第 i 维优化变量第 k 个子区间内的 x_{ik} 进行变异操作，可根据 x_{ik} 所在解的相对适应度值 F 来决定实际变异概率 p_m，取 $p_m = p_{mutate}(1 - F)$，其中，p_{mutate} 表示算法中预设的变异概率。这样，对于来自整体适应度较大的解分量值实行变异的概率较小，可使较优的解分量尽可能予以保留。随机产生 $p \in [0, 1]$，若 $p > p_m$，则进行变异操作。设对 x_{ik} 进行变异操作得到 x'_{ik}，记该子区间的上、下界分别为 u_{ik}、l_{ik}，为保证交叉操作的结果 x'_{ik} 仍然在子区间 $[l_{ik}, u_{ik}]$ 中，设：

$$d_i = \max\{u_{ik} - x_{ik}, x_{ik} - l_{ik}\} \tag{5-27}$$

产生随机数 $\delta \in [-1, 1]$，取：

$$x'_{ik} = \begin{cases} x_{ik} + \delta d_i, & l_{ik} - x_{ik} \leqslant \delta d_i \leqslant u_{ik} - x_{ik} \\ x_{ik} - \delta d_i, & \text{否则} \end{cases} \tag{5-28}$$

这样就保证了遗传操作的结果仍在子区间中。

5.2.3.3　对测试函数的解算

选择经典测试函数，分别采用遗传算法、蚁群算法和新型自适应蚁群遗传混合算法对其进行解算。经典测试函数表达式为：

$$\min \quad f(x) = \frac{1}{10} \sum_{i=1}^{10} (x_i^4 - 16x_i^2 + 5x_i) \tag{5-29}$$

$$-10 \leqslant x_i \leqslant 100, \quad i = 1, 2, \cdots, 10 \tag{5-30}$$

该函数在可行域内有一个全局最优解，有 $2^{10} - 1$ 个局部最优解，其全局最优解为 $x^* = (-2.9035, -2.9035, \cdots, -2.9035)$，全局最优值 $f(x^*) = -78.3323$。

在测试中，分别采用遗传算法、蚁群算法和新型自适应蚁群遗传混合算法各计算以上的经典测试函数 10 次。遗传算法的参数为：种群数量 $M=400$，交叉概率 $p_{cross}=0.9$，变异概率 $p_{mutation}=0.05$，每次计算的迭代次数 $N_c=2000$ 次；蚁群算法的参数为：蚂蚁个数 $m=100$，信息启发式因子 $\alpha=1$，期望启发式因子 $\beta=2.5$，信息素挥发约束系数 $C=0.9$，$N_c=2000$；新型自适应蚁群遗传混合算法的参数为：蚂蚁个数 $m=400$，每个变量的子区间个数 $N=4$，信息素挥发约束系数 $C=0.9$，交叉概率 $p_{cross}=0.9$，变异概率 $p_{mutation}=0.05$，$N_c=2000$。三种算法求解测试函数的结果如表 5-1 所示。

表 5-1　函数优化结果

优化算法	迭代次数	收敛时间/s	运行次数	达优率	最优值	平均最优值
遗传算法	2000	101	10 次	50%	−76.7741	−76.6532
蚁群算法	2000	89	10 次	30%	−75.4785	−75.4763
新型自适应蚁群遗传混合算法	2000	67	10 次	100%	−78.3320	−78.3298

表 5-1 中，达优率是指满足下列条件的计算结果占所有结果的比例：

$$|f-f^*|<\varepsilon \tag{5-31}$$

式中　f——某个算法达到的最优结果；

　　　f^*——目标函数的全局最优解；

　　　ε——计算精度的参数，本书中取为 0.01。

从对测试函数的优化结果可以看出，新型自适应蚁群遗传混合算法具有良好的适应性，无论从求解的速度还是求解的准确性上都优于遗传算法和蚁群算法。

5.3　多源系统注水站外输水量优化

多源系统注水站外输水量优化就是在已建管网结构的条件下，不考虑注水泵特性及外输能力的限制，对系统中多个注水站进行外输水量的优化，使注水站总外输能耗最小。通常对于新建的注水系统，当管网结构已经确定，需要对注水站进行注水泵选型和配置时，或者对于已有的注水系统，对注水站进行改造时，就要先确定各注水站的优化边界条件，然后优化各注水站最优的外输水量和注水站压力，以此为依据来确定注水泵的配置类型和数量。

5.3.1　优化模型的建立

以注水站外输水量为设计变量，注水站总外输能耗最小为目标函数，建立多源注水站外输水量优化模型：

$$\min \quad f'(\boldsymbol{Q}) = \alpha \sum_{i=1}^{n_s} p_i Q_i \tag{5-32}$$

式中　p_i——注水站外输管压，MPa；

　　　Q_i——注水站外输水量，m^3/d；

　　　n_s——注水站数量；

　　　α——单位换算系数，常数。

该优化模型需要考虑如下约束条件：

（1）注水管网系统的水力平衡条件

对于一个有 n 个节点的注水管网系统，要满足系统的总体水力平衡方程：

$$\boldsymbol{K}_p \boldsymbol{p} - \boldsymbol{C} = 0 \tag{5-33}$$

式中，符号含义参见第 2 章。

（2）系统总水量约束

注水站的外输水量之和与所有注水井的总注水量相等，即满足：

$$\sum_{i=1}^{n_s} Q_i = \sum_{j=1}^{n_w} U_j \tag{5-34}$$

式中　U_j——第 j 口注水井的注水量，m^3/d；

　　　n_w——注水井数量。

（3）注水站外输水量的限制

对于各个注水站的外输水量，由于受到注水站来水量、储水罐的缓存能力等条件的限制，各个注水站的外输水量应满足：

$$Q_i^{\min} \leqslant Q_i \leqslant Q_i^{\max} \quad i = 1, 2, \cdots, n_s \tag{5-35}$$

式中　$Q_i^{\min}$——第 i 注水站的最小外输水量，m^3/d；

　　　$Q_i^{\max}$——第 i 注水站的最大外输水量，m^3/d。

（4）注水井压力约束

注水井要满足配注水量需求，其压力必须满足最低配注压力，即

$$p_i \geqslant p_i^{\min} \quad i = 1, 2, \cdots, n_w \tag{5-36}$$

式中　$p_i^{\min}$——第 i 口注水井的最低配注压力需求，MPa。

5.3.2　约束条件的处理和转化

① 约束条件（1）是系统在仿真模拟时所建立的系统水力平衡总体方程，在优化过程中，每次给定一组注水站的外输水量后，通过调用该方程组的解算程序来计算管网各节点的压力值，所以该约束条件也就自然得到了满足。

由第 2 章可知，对于一个有 n 个节点的管网系统，只有 $n-1$ 个独立的节点平衡方程。所以在方程求解时需要事先任意设定一个参考点，通过仿真模拟的迭代计算，得出管网系统各节点压力，这时求出的所有节点压力是相对参考点压力而言的，各节点压力值同时增加或减小某一数值后仍为该方程组的解，因此可以根据系统服务质量要求对各节点压力值同时进行修正。

② 约束条件（4）是对注水井压力的约束，由于多源注水系统外输水量优化，不考虑注水泵的外输能力，所以可以完全根据注水井的注入压力需求来修正注水管网系统各节点的压力。其修正过程如下：任意设定参考点，计算出管网系统各节点的压力后，对注水井的计算压力与最低配注压力做差值，选取最小的差值，然后对注水管网系统中的每个节点压力都减去这个最小的差值。这样在保证所有注水井注入压力需求的前提下，可以至少使一口注水井的井管压差为最小值，从而使注水系统压力处于最低状态。由此，约束条件（4）也得到了满足。

③ 针对约束条件（2）的等式约束，构造外点罚函数，其形式为：

$$\min \quad f(Q, r) = f'(Q) + rM \tag{5-37}$$

$$M = \sum_{i=1}^{n_{\mathrm{s}}} Q_i - \sum_{j=1}^{n_{\mathrm{w}}} U_j \tag{5-38}$$

$$r^{(k+1)} = \alpha r^{(k)} \tag{5-39}$$

式中　M——等式约束的惩罚项；

　　　r——惩罚因子，它是由小到大且趋近于 ∞ 的数列，即 $r^{(0)} < r^{(1)} < r^{(2)} < \cdots \rightarrow \infty$。

　　　α——惩罚项影响系数。

由于外点法的迭代过程是在可行域之外进行的，所以惩罚项的作用是迫使迭代点逼近约束边界或等式约束曲面。由惩罚项的形式可知，当迭代点 Q 不可行时，惩罚项的值大于 0，使得惩罚函数 $f(Q, r)$ 大于原目标函数，这可看成是对迭代点不满足约束条件的一种惩罚。当迭代点离约束边界越远，惩罚项的值就会变得越大，这种惩罚就会越重。但当迭代点不断接近约束边界和等式约束曲面时，惩罚项的值减小，且趋近于 0，惩罚项的作用逐渐消失，迭代点也就趋近于约束边界上的最优点了。

式(5-37) 和式(5-34) 构成了新型自适应蚁群遗传混合算法的标准形式。

5.3.3　优化模型的求解

该优化模型采用新型自适应蚁群遗传混合算法求解，其具体步骤如下：

（1）编码形式

选用 n_{s} 个注水站的外输水量 Q 作为优化设计变量进行编码。对于常规的遗传算法一般采用二进制编码，便于操作，但对于求解此类实数连续变量的优化问题时，如果采用二进制编码，不仅不能反映问题的固有结构特征，而且个体长度大，占用计算机内存多，在进行数值优化时精度不高，稳定性也不如实数编码。当要求计算精度越高时，二进制编码需要的基因位数就越多，在计算目标函数时，需要把二进制编码解码成十进制浮点数，优化过程中编码和解码频繁进行，使计算量增大，计算时间延长。

相比之下，采用实数编码不仅无需转换数据和数据类型，并使得优化过程更容易理解，节省遗传操作时间，另外，由于浮点数表示数的范围大且表示精度高、具有明确的物理意义，所以更适合于复杂大空间内的搜索，因此，本书采用实数编码形式。

（2）将连续变量空间离散化

将各注水站外输水量在 $[Q_i^{\min}, Q_i^{\max}](i=1, 2, \cdots, n_s)$ 空间内分割成 N 个子区间，则第 i 维优化变量每个子区间的长度 $L_i = (Q_i^{\max} - Q_i^{\min})/N(i=1, 2, \cdots, n_s)$，各维变量各子空间所属的区域为 $[Q_i^{\min} + (j-1)L_i, Q_i^{\min} + jL_i](i=1, 2, \cdots, n_s; j=1, 2, \cdots, N)$，在每维优化变量搜索空间内，放置 m 只数量的蚂蚁。

（3）确定适应度函数

由于本优化模型是求最小值的问题，适应度函数在原目标函数基础上做如下转换：

$$F = \begin{cases} C_{\max} - f, & f < C_{\max} \\ 0, & f \geqslant C_{\max} \end{cases}$$

在遗传算法的初期阶段，要防止早熟现象出现，在运行阶段的后期应防止进化过程无竞争性所导致的遗传算法无法对重点区域进行重点搜索。因此，在初期阶段，必须对一些适应度较高的个体进行控制，降低其适应度与其他个体适应度之间的差异程度，限制其复制数量，以维护群体的多样性；在后期阶段，扩大最佳个体适应度与其他个体适应度的差异程度，以提高个体之间的竞争性。本书采用指数尺度变换法对原适应度进行伸缩变换，得到最终的适应度函数：

$$\text{fitness} = \exp(-\beta F)$$

（4）产生初始解，各子区间信息素初始化

随机产生 m 个初始解 $Q_1, Q_2, \cdots, Q_m$，计算初始解的函数值 $f_1, f_2, \cdots, f_m$ 和相应的适应度函数值 $\text{fitness}_1, \text{fitness}_2, \cdots, \text{fitness}_m$。根据式（5-20）和式（5-21），对各维分量的各子区间进行信息素的初始化。

（5）蚂蚁移动

根据各维变量各个子区间的信息素浓度比例，重新分配各个子区间里实际应该拥有的蚂蚁数量，完成蚂蚁的移出和移入操作，构成新的解 $Q_1^{(1)}$，$Q_2^{(1)}$，…，$Q_m^{(1)}$；分别计算 $Q_1^{(1)}$，$Q_2^{(1)}$，…，$Q_m^{(1)}$ 的函数值 $f1_1$，$f1_2$，…，$f1_m$ 和适应度函数值 $\text{fitness}1_1$，$\text{fitness}1_2$，…，$\text{fitness}1_m$。

（6）遗传操作

对各维变量各子区间内蚂蚁进行选择、交叉和变异遗传进化，产生 m 个子代解 $Q_1^{(2)}$，$Q_2^{(2)}$，…，$Q_m^{(2)}$。

用"赌轮"的方法选取两个值，为了加速收敛并防止局部优化，采用具有自适应性的交叉、变异操作，设第 i 维第 j 个子区间中的两个值为 $Q_i(1)$ 和 $Q_i(2)$，交叉后产生的两个新值为：

$$Q_i'(1) = c_1 Q_i(1) + c_2 Q_i(2)，\quad Q_i'(2) = c_2 Q_i(1) + c_1 Q_i(2)$$

因交叉前 $Q_i(1)$ 和 $Q_i(2)$ 都在子区间 $[Q_i^{\min} + (j-1)L_i，Q_i^{\min} + jL_i]$ 内，按上面的交叉方法交叉后，新值仍然在该子区间范围内。

在变异阶段，以概率 p_m 选取第 i 维优化变量第 k 个子区间内的 Q_{ik} 进行变异操作，记该区间的上、下边界分别为 u_{ik}、l_{ik}，并设：

$$d_i = \max(u_{ik} - Q_{ik}，Q_{ik} - l_{ik})$$

产生随机数 $\delta \in [-1，1]$，变异后的值为：

$$Q_{ik}' = \begin{cases} Q_{ik} + \delta d，& l_{ik} - Q_{ik} \leqslant \delta d \leqslant u_{ik} - Q_{ik} \\ Q_{ik} - \delta d，& \text{否则} \end{cases}$$

这样可保证变异操作后的结果仍在子区间中。

分别计算 $Q_1^{(2)}$，$Q_2^{(2)}$，…，$Q_m^{(2)}$ 的函数值 $f2_1$，$f2_2$，…，$f2_m$ 和适应度函数值 $\text{fitness}2_1$，$\text{fitness}2_2$，…，$\text{fitness}2_m$。

（7）产生新解，子空间信息素更新

将 $Q_1^{(2)}$，$Q_2^{(2)}$，…，$Q_m^{(2)}$ 与 $Q_1^{(1)}$，$Q_2^{(1)}$，…，$Q_m^{(1)}$ 进行一一比对，挑选新解 Q_k：

$$Q_k = \begin{cases} Q_k^{(2)}，& f2_k < f1_k \text{ 或 } \text{fitness}2_k > \text{fitness}1_k \\ Q_k^{(1)}，& \text{否则} \end{cases}$$

根据式(5-23)～式(5-25) 对各维变量的各子区间的信息素进行更新操作。

（8）算法终止条件

由于目标函数中有惩罚项，所以判断算法收敛时的终止条件要满足两个条件：①蚁群算法连续 q 次迭代产生的新解没有发生变化；②蚁群算法产生的新解对应的惩罚项 rM 小于给定精度 ε。当同时满足这两个条件时，即可认为算法收敛，停止计算，输出最优解。同时为了防止算法不收敛时无法退出循环，设定最大迭代次数，当不能满足上述收敛条件，但循环次数达到最大迭代次数时，停止循环，以当前最优解作为最终结果输出。

5.3.4　计算实例

　　某油田注水系统，如图 5-7 所示，现有 787 口注水井，6 座注水站，由于注水站的注水泵配置不合理，型号基本相同，而且都是小排量的注水泵，造成系统能耗过高，现要对注水泵进行重新配置，以满足目前及未来几年之内注水系统的需求。根据 2024～2033 年共 10 年的预测注水量数据（见表 5-2），对注水站外输水量进行优化，以此为依据提供几种配泵方案（见表 5-3），以供选择。

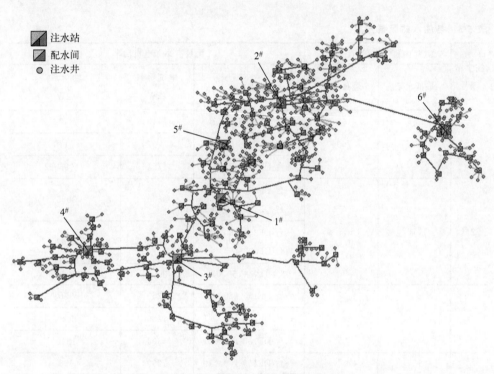

图 5-7　某油田注水系统管网图

表 5-2　某油田注水量预测表

年度/年		2024	2025	2026	2027	2028	2029	2030	2031	2032	2033
注水站编号	当前注水能力/(m^3/d)	平均日注水量预测/(m^3/d)									
$1^{\#}$	7200	7506	7495	7324	7153	7081	6999	6869	6769	6673	6598
$2^{\#}$	13440	13041	13134	13262	13546	13678	13343	12546	11722	10915	10197

年度/年		2024	2025	2026	2027	2028	2029	2030	2031	2032	2033
注水站编号	当前注水能力/(m³/d)	平均日注水量预测/(m³/d)									
3#	7440	3096	3929	4175.5	4116.5	4021.5	3972	4051	3944	3747	3597
4#	3720	3096	3929	4175.5	4116.5	4021.5	3972	4051	3944	3747	3597
5#	3720	3878	3872	3784	3696	3659	3616	3549	3498	3448	3409
6#	3720	2918	3196	3105	3035	2962	2892	2832	2776	2724	2699

表 5-3 各注水站配泵方案

注水站编号	10 年内预测水量/(m³/d)		配泵方案和电机功率		
	最低水量	最高水量	配泵方案	电机功率/kW	轴功率/kW
1#	6598	7506	一台 D280-160×10	1540	867
			一台 DF300-150×11	1767	817
			两台 DF140-150×11	1724	996
2#	10197	13678	一台 DF400-150×11 一台 DF120-150×11	3500	3055
			一台 DF300-150×11 两台 DF100-150×11	3600	3107
			两台 D280-160×10	3600	3080
3#	3096	4175.5	一台 DF155-170×10	1250	996
			一台 DF160-150×11	1250	933
			两台 DF100-150×11	1600	1340
4#	3096	4175.5	一台 DF155-170×10	1250	996
			两台 DF100-150×11	1600	1340
			一台 DF100-150×11 一台 DF80-150×12	1600	1303
5#	3409	3878	一台 DF155-170×10	1250	996
			一台 DF160-150×11	1250	933
			两台 DF100-150×11	1600	1340
6#	2699	3196	一台 DF120-160×10	1000	867
			一台 DF120-150×12	1000	817
			一台 DF155-170×10	1250	996

该优化模型有6个优化变量，设置蚂蚁个数 $m=300$，每个变量的子区间个数 $N=5$，信息素挥发约束系数 $C=0.9$，交叉概率 $p_{cross}=0.9$，变异概率 $p_{mutate}=0.05$，惩罚因子 $M=10$，惩罚项影响系数 $\alpha=1.5$，惩罚项精度要求 $\varepsilon=0.1$，注水站外输水量优化结果见表5-4。

表 5-4　注水站外输水量优化结果

注水站编号	注水站排量 /(m³/d)	站压力 /MPa	平均泵效 /%	耗电 /kW·h	单耗 /(kW·h/m³)
1#	6668	14.06	78.96	35476	5.48
2#	11533	14.16	67.68	81502	7.07
3#	4100	14.88	75.83	27233	6.05
4#	4009	15.35	75.86	27271	6.05
5#	3596	14.03	66.23	11366	7.14
6#	3190	15.83	75.22	26211	6.10

根据各站未来十年的注水量预测情况，每个注水站均有多种满足配注要求的配泵方案。依据注水量和泵的特性参数，通过计算耗电量，从多种方案中选出最优的配泵方案，才是最佳途径。表5-3为计算出的每个站的多种配泵方案以及消耗功率的对比情况（功率按从低到高排列，给出三种选择方案），从中可以选出符合要求且节能的最佳配泵方案。

5.4　大型复杂注水系统运行参数优化

大型复杂注水系统是指由多个注水站、配水间和许多注水井以及连接管线组成的大型枝状或环状或两者混合的复杂管网系统。系统内的各注水站之间相互影响、相互制约，构成一个密不可分的整体。在优化过程中，必须把相互连通的管网系统统一看成一个整体，进行优化模型的建立和解算，才能最大限度地降低系统能耗。

大型复杂注水系统运行参数优化是针对已有的、管网形式确定的，注水泵配置齐全的注水系统而进行的，系统内没有变频调速设备，所有注水泵均为恒速泵，只靠阀门的开度来调节注水泵的水量。优化时，系统的开泵方案已经给定，在保证系统配注要求的前提下，对处于生产运行状态的各注水泵进行运行参数优化，以减少泵管压差，使注水系统处于合理的优化运行状态，达到降低注水能量损耗的目的。

该优化问题是一个含有等式约束和不等式约束的大型非线性优化问题，涉及的变量数目较多，优化过程中存在许多局部最优解，如果采用传统依赖导数信息的优化方法，节点流量与压力关系式求导困难，且优化所得结果与初始值有关，无法求得问题的全局最优解或近全局最优解。

5.4.1 优化模型的建立

在现有开泵布局下，以注水泵外输水量为设计变量，系统外输能耗最小为目标函数，建立注水系统运行参数优化模型

$$\min \quad f'(Q) = \alpha \sum_{i=1}^{n_b} \frac{(p_{ci} - p_{ri})Q_i}{\eta_{pi}\eta_{ei}} \tag{5-40}$$

式中　p_{ci}——第 i 台注水泵出口的外输压力，MPa；

　　　p_{ri}——第 i 台注水泵入口的来水压力，MPa；

　　　Q_i——第 i 台注水泵的外输水量，m^3/d；

　　　η_{pi}——第 i 台注水泵的运行效率，%；

　　　η_{ei}——第 i 台注水泵驱动电机的运行效率，%；

　　　n_b——在现有开泵布局下运行的注水泵数量；

　　　α——单位换算系数，常数。

该优化模型需要考虑如下约束条件：

（1）注水管网系统的水力平衡条件

对于一个有 n 个节点的注水管网系统，要满足系统的总体水力平衡方程组，见式(5-33)。

（2）系统总水量约束

现有开泵布局下，运行注水泵的外输水量之和与所有注水井的总注水量相等，即满足：

$$\sum_{i=1}^{n_b} Q_i = \sum_{j=1}^{n_w} U_j \tag{5-41}$$

式中　U_j——第 j 口注水井的注水量，m^3/d；

　　　n_w——注水井数量。

（3）注水泵外输水量的限制

注水泵在工作时，只有在高效区内运行，才能节约能量，所以对注水泵的外输水量应满足：

$$Q_{gi}^{\min} \leqslant Q_i \leqslant Q_{gi}^{\max}, \quad i = 1, 2, \cdots, n_b \tag{5-42}$$

式中　$Q_{gi}^{\min}$——第 i 台注水泵运行在高效区的最小外输水量，m^3/d；

$Q_{gi}^{\max}$——第 i 台注水泵运行在高效区的最大外输水量，m^3/d。

如果由于某些特殊原因，对注水站的来水和外输有特殊要求时，注水泵的外输水量还要受到注水站来水量的限制：

$$Q_{zi}^{\min} \leqslant Q_i \leqslant Q_{zi}^{\max} \quad i=1, 2, \cdots, n_b \tag{5-43}$$

式中　$Q_{zi}^{\min}$——第 i 台注水泵所在注水站的最小来水量，m^3/d；

　　　$Q_{zi}^{\max}$——第 i 台注水泵所在注水站的最大来水量，m^3/d。

考虑到上述两种因素的影响，注水泵工作时，其外输水量应满足：

$$Q_i^{\min} \leqslant Q_i \leqslant Q_i^{\max} \quad i=1, 2, \cdots, n_b \tag{5-44}$$

其中

$$Q_i^{\min} = \max(Q_{gi}^{\min}, Q_{zi}^{\min}) \quad i=1, 2, \cdots, n_b \tag{5-45}$$

$$Q_i^{\max} = \min(Q_{gi}^{\max}, Q_{zi}^{\max}) \quad i=1, 2, \cdots, n_b \tag{5-46}$$

式中　$Q_i^{\min}$——第 i 台注水泵的最小外输水量，m^3/d；

　　　$Q_i^{\max}$——第 i 台注水泵的最大外输水量，m^3/d。

（4）注水井压力约束

注水井要满足配注水量需求，其压力必须满足最低配注压力，即：

$$p_i \geqslant p_i^{\min} \quad i=1, 2, \cdots, n_w \tag{5-47}$$

式中　$p_i^{\min}$——第 i 口注水井的最低配注压力需求，MPa。

（5）注水泵外输压力限制

注水泵在工作中，要想把水从水箱输送到管网当中，注水泵的外输工作压力一定要大于该注水站所在管网节点的压力，如果不考虑注水泵出口管线闸阀的节流损失，有：

$$p_{ci} - \Delta\delta_i \geqslant p_j \quad i=1, 2, \cdots, n_b \tag{5-48}$$

式中　$\Delta\delta_i$——第 i 注水泵出口到该注水站所在管网节点的沿程阻力损失，因为该值很小，通常可取为一个常数，令 $\Delta\delta_i=10m$；

　　　p_j——第 i 注水泵所属注水站的管网节点压力，MPa。

5.4.2　约束条件的处理和转化

① 约束条件（1）是系统在仿真模拟时所建立的系统水力平衡方程组，在优化过程中，每次给出一组注水泵的外输水量后，通过调用该方程组的解算程序来计算管网各节点的压力值，所以该约束条件也就自然得到了满足。

在方程组求解时需要事先设定一个参考点，最后根据系统服务质量要求对各节点压力值进行修正，具体做法与 5.3.2 节相同。

② 约束条件（5）是对注水泵外输压力的限制，在优化过程中，以注水泵的

外输水量作为优化变量，所以当给定一组外输水量后，根据注水泵的流量-扬程特性曲线可以计算出该外输水量下各注水泵的出口压力 p_{ci}，选定任一参考点的压力，通过解算注水系统水力平衡方程组，得出管网系统各节点的压力，然后根据各注水泵与所在注水站节点的压力差值，对管网系统各节点压力进行统一修正，给出一组泵管压差最小、且满足注水泵正常运行的压力约束条件。对管网系统各节点压力进行修正的具体步骤如下：对注水泵出口外输压力 p_{ci} 减去 $\Delta\delta_i$ 后与所在注水站节点压力 p_j 做差值，选取该差值的最小值，然后对注水管网系统的每个节点压力都加上这个最小值。这样在保证注水泵工作压力的前提下，可以至少使一个注水站的泵管压差为最小值。

③ 针对约束条件（2）的等式约束和约束条件（4）的不等式约束，构造外点罚函数，其形式为：

$$\min \quad f(Q,\ r) = f'(Q) + rM_1 + rM_2 \tag{5-49}$$

$$M_1 = \sum_{i=1}^{n_w} \left[\min(0,\ p_i - p_i^{\min})\right]^2 \tag{5-50}$$

$$M_2 = \sum_{i=1}^{n_p} Q_i - \sum_{j=1}^{n_w} U_j \tag{5-51}$$

$$r^{(k+1)} = \alpha r^{(k)} \tag{5-52}$$

式中　M_1——不等式约束的惩罚项；

　　　M_2——等式约束的惩罚项；

　　　r——惩罚因子，它是由小到大且趋近于∞的数列，即 $r^{(0)} < r^{(1)} < r^{(2)} < \cdots \to \infty$；

　　　α——惩罚项影响系数。

式(5-49) 和式(5-41) 构成了新型自适应蚁群遗传混合算法的标准形式。

5.4.3　优化模型的求解

该优化模型采用新型自适应蚁群遗传混合算法求解，其主要操作步骤与上一节基本相同，这里只介绍不同之处。

（1）确定编码形式

由前述可知，注水泵的扬程和效率可以通过与流量之间的特性曲线计算得到，因此在优化过程中，以给定开泵方案下 n_b 个注水泵的外输水量 Q 作为优化设计变量，进行实数编码。

（2）将连续变量空间离散化

将各注水泵外输水量在 $[Q_i^{\min},\ Q_i^{\max}](i=1,\ 2,\ \cdots,\ n_s)$ 空间内分割成 N

个子区间，则第 i 维优化变量每个子区间的长度 $L_i = (Q_i^{max} - Q_i^{min})/N (i=1,$ $2, \cdots, n_s)$，各维变量各子空间所属的区域为 $[Q_i^{min} + (j-1)L_i, Q_i^{min} + jL_i]$ $(i=1, 2, \cdots, n_s; j=1, 2, \cdots, N)$，在每维优化变量搜索空间内，放置 m 只数量的蚂蚁。

5.4.4 计算实例

某油田注水系统有 6 座注水站，运行 6 台注水泵，163 座配水间，1113 口注水井。注水干线约 120km，注水支线约 700km，注水干线呈环状管网，将各注水站联系在一块；注水支线呈枝状，分往各个配水间和注水井，注水系统管网如图 5-8 所示。注水系统平均单耗 7.98kW·h/m³，系统效率 42.6%。采用新型自适应蚁群遗传混合算法，对该油田进行注水系统运行参数优化计算。优化结果见表 5-5，泵管压差有明显减少，优化方案实施后，系统平均单耗由原来的 7.98kW·h/m³ 降为 7.50kW·h/m³，系统效率也提高了 4 个百分点。

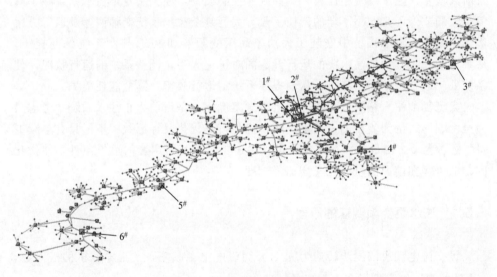

图 5-8 某油田注水系统管网图

表 5-5 优化前后注水泵运行参数对比

注水泵编号	优化前注水泵运行数据			优化后注水泵运行数据		
	出口水量 /(m³/d)	泵管压差 /m	单耗 /(kW·h/m³)	出口水量 /(m³/d)	泵管压差 /m	单耗 /(kW·h/m³)
1#	1821	136	8.90	2202	77	7.88

注水泵编号	优化前注水泵运行数据			优化后注水泵运行数据		
	出口水量 /(m³/d)	泵管压差 /m	单耗 /(kW·h/m³)	出口水量 /(m³/d)	泵管压差 /m	单耗 /(kW·h/m³)
2#	1686	115	7.92	2486	85	7.34
3#	2347	87	7.93	2331	10	7.25
4#	2637	43	6.90	2314	53	6.92
5#	1465	96	9.11	1950	62	8.54
6#	2285	65	7.12	2284	64	7.06

5.5 大型复杂注水系统变频调速及运行方案优化

随着注水泵控制技术的发展，大功率高压变频器、PCP 控制系统已经成为目前大型复杂注水系统中比较常见的调速控制设备，使大型复杂注水系统除了阀门节流调节外，又增添了新的调控手段。大型复杂注水系统变频调速及运行方案优化，就是在考虑系统中安装了大功率高压变频器和 PCP 控制系统的前提下，从系统的开泵方案和注水泵的运行参数同时优化入手，调整系统的运行状况，使系统处于最合理的运行状态，从而提高系统的运行效率，降低能耗损失。

大型复杂注水系统变频调速及运行方案优化，是目前为止注水系统中考虑最为全面、形式最为复杂的一种生产运行优化，其优化目标函数中不但具有连续变量，还涉及 0-1 变量，而且在优化过程中还要考虑变频调速的边界条件，使优化问题的求解在前面的基础上又增加了难度。

5.5.1 注水泵变频调速的原理

设交流电动机的同步转速为 n_0，f 为供电电源频率，p 为电动机的极对数，s 为转差率，则交流异步电动机的转速为：

$$n = n_0(1-s) = \frac{60f}{p}(1-s) \tag{5-53}$$

由上式可知，改变极对数 p、转差率 s 及频率 f 均能改变电动机的转速。变频调速是依靠变频装置将电网频率转成所需频率，从而改变电动机的转速。

油田注水管网系统是背压系统，其管路特性曲线见图 5-9。由于油田注水系统是大型多源复杂系统，在实际生产中，管网系统的特性曲线无法用理论曲线精确给出，背压头也不能用数值确定出来，所以在研究注水系统的变频调速时，一般把注水系统作为无背压系统来看待，即背压头为零。假设曲线 1 是注水泵在额定转速 n_1 时的流量-扬程曲线，其方程为：

$$H_1 = a_0 - a_1 Q^2 \tag{5-54}$$

曲线 2 是转速降为 n_2 时的流量-扬程曲线，则曲线方程为：

$$H_2 = k^2 a_0 - a_1 Q^2 \tag{5-55}$$

式中 k——调速比，$k = n_2/n_1$。

由比例定律可知：同一台离心泵在不同转速运行时，满足如下规律：

$$\frac{Q_1}{Q_2} = \frac{n_1}{n_2} \tag{5-56}$$

$$\frac{H_1}{H_2} = \left(\frac{n_1}{n_2}\right)^2 \tag{5-57}$$

$$\frac{p_1}{p_2} = \left(\frac{n_1}{n_2}\right)^3 \tag{5-58}$$

式(5-56)～式(5-58) 说明：当离心泵进行变频调速后排量以转速的一次方下降；扬程以二次方下降，功率以三次方下降。

由式(5-56) 和式(5-57) 可得：

$$\frac{H_1}{H_2} = \left(\frac{Q_1}{Q_2}\right)^2 = \left(\frac{n_1}{n_2}\right)^2$$

于是有：

$$\frac{H_1}{Q_1^2} = \frac{H_2}{Q_2^2} = K$$

由此可得，等效曲线的表达式为：

$$H = KQ^2 \tag{5-59}$$

式中 K——等效常数。

由式(5-59) 可以看出，等效曲线也是一条以坐标原点为顶点的抛物线，见图 5-9 中的曲线 3 和曲线 4。注水泵在转速改变时，所有相似工况点都分布在同一条等效曲线上，该曲线上所有相似工况点的效率近似相等，如图 5-9 中的 A_1 和 A_3 为相似工况点，A_2 和 A_4 为相似工况点。在无背压管网系统中，等效曲线与管路特性曲线重合。

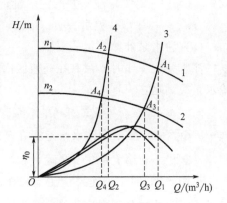

图 5-9　离心泵变频调速原理图

5.5.2 优化模型的建立

$$\min \quad f'(Q) = \alpha \sum_{i=1}^{n} \beta_i \frac{(p_{ci} - p_{ri})Q_i}{\eta_{pi}\eta_{ei}} \tag{5-60}$$

式中 p_{ci}——第 i 台注水泵出口的外输压力，MPa；

p_{ri}——第 i 台注水泵入口的来水压力，MPa；

Q_i——第 i 台注水泵的外输水量，m^3/d；

η_{pi}——第 i 台注水泵的运行效率，%；

η_{ei}——第 i 台注水泵驱动电机的运行效率，%；

n——注水泵的总数量；

β_i——第 i 台注水泵的运行状态，1 表示第 i 台注水泵运行，0 表示第 i 台注水泵停运；

α——单位换算系数，常数。

该优化模型需要考虑如下约束条件：

（1）注水管网系统的水力平衡条件

对于一个有 n 个节点的注水管网系统，要满足系统的总体水力平衡方程组，见式(5-33)。

（2）系统总水量约束

注水系统中，运行注水泵的外输水量之和与所有注水井的总注水量（记为 Q_{All}）相等，即满足：

$$\sum_{i=1}^{n} \beta_i Q_i = \sum_{j=1}^{n_w} U_j \tag{5-61}$$

式中 U_j——第 j 口注水井的注水量，m^3/d；

n_w——注水井数量。

（3）注水泵外输水量的限制

注水泵在工作时，只有在高效区内运行，才能节约能量，所以对注水泵的外输水量应满足：

$$Q_{gi}^{\min} \leqslant Q_i \leqslant Q_{gi}^{\max} \quad i=1, 2, \cdots, n \tag{5-62}$$

式中 $Q_{gi}^{\min}$——第 i 台注水泵运行在高效区的最小外输水量，m^3/d；

$Q_{gi}^{\max}$——第 i 台注水泵运行在高效区的最大外输水量，m^3/d。

见图 5-9，对于恒速泵，注水泵在额定转速 n_1 下运行，其特性曲线为曲线 1，$Q_{gi}^{\min}$ 和 $Q_{gi}^{\max}$ 分别对应于高效区（$\eta \geqslant \eta_0$）内左右两端的流量 Q_2 和 Q_1；对于调速泵，注水泵在由曲线 1、2、3、4 围成的扇形高效区内运行，$Q_{gi}^{\min}$ 和 $Q_{gi}^{\max}$ 分别对应于高效区（$\eta \geqslant \eta_0$）内最小转速 n_2 时的流量 Q_4 和额定转速 n_1 时的流量 Q_1；对于 PCP 系统，由于增压泵进行变频调速，其原理和调速泵相同，而且增压泵和注水主泵是串接关系，两泵流量一致，所以 Q_{gi}^{min} 和 Q_{gi}^{max} 也是分别对应于增压泵高效区内（$\eta \geqslant \eta_0$）最小转速 n_2 时的流量 Q_4 和额定转速 n_1 时的流量 Q_1。

（4）注水站来水量的限制

注水站内各运行注水泵的排量之和应满足该站的来水量要求，即：

$$Q_{sj}^{min} \leqslant \sum_{i \in I_j} Q_i \leqslant Q_{sj}^{max} \quad j = 1, 2, \cdots, n_s \tag{5-63}$$

式中　Q_{sj}^{max}——第 j 个注水站的最大来水量，m^3/d；

　　　Q_{sj}^{min}——第 j 个注水站的最小来水量，m^3/d；

　　　I_j——第 j 个注水站内注水泵的编号集合；

　　　n_s——注水站的总数量。

（5）注水井压力约束

注水井要满足配注水量需求，其压力必须满足最低配注压力，即：

$$p_i \geqslant p_i^{min} \quad i = 1, 2, \cdots, n_w \tag{5-64}$$

式中　p_i^{min}——第 i 口注水井的最低配注压力需求，MPa。

（6）调速泵的转速约束

对于高压大功率调速泵和 PCP 系统中的增压泵都是调速泵，在工作时调速泵的速度是在一定范围内可调的，而不能无限制地调节，否则将会影响注水泵和电机的效率，对系统造成破坏。通常情况下，对注水泵的调速比的范围要求为：

$$k_i^{min} \leqslant k_i \leqslant k_i^{max} \quad i = 1, 2, \cdots, n_t \tag{5-65}$$

式中　k_i^{min}——注水泵的最小调速比；

　　　k_i^{max}——注水泵的最大调速比，由于受到注水泵的部件的结构和可靠性的限制，注水泵在工作时，一般转速不会轻易调高，所以取 $k_i^{max} = 1$；

　　　n_t——调速泵的数量。

注水泵在调速过程中，不同的转速直接对应着不同的注水泵扬程，所以可以把注水泵的转速约束转化为扬程约束，方便计算。注水泵在调速高效区内，扬程约束为：

$$H_i^{min} \leqslant H_i = p_{ci} - p_{ri} \leqslant H_i^{max} \tag{5-66}$$

式中　H_i^{min}——第 i 台调速泵在高效区内的最小扬程，MPa；

　　　H_i^{max}——第 i 台调速泵在高效区内的最大扬程，MPa。

见图 5-9，H_i^{min} 和 H_i^{max} 的确定如下：

$$H_i^{\min} = \begin{cases} k^2 a_0 - a_1 Q_i^2 & Q_4 \leqslant Q_i \leqslant Q_3 \\ K_{A1} Q_i^2 & Q_3 < Q_i \leqslant Q_1 \end{cases} \qquad (5\text{-}67)$$

$$H_i^{\max} = \begin{cases} K_{A2} Q_i^2 & Q_4 \leqslant Q_i \leqslant Q_2 \\ a_0 - a_1 Q_i^2 & Q_2 < Q_i \leqslant Q_1 \end{cases} \qquad (5\text{-}68)$$

式中　K_{A1}——通过 A_1 点的等效率曲线的等效常数；

　　　K_{A2}——通过 A_2 点的等效率曲线的等效常数。

（7）注水泵外输压力限制

注水泵在工作中，要想把水从水箱输送到管网当中，注水泵的外输工作压力一定要大于该注水站所在管网节点的压力，如果不考虑注水泵出口管线闸阀的节流损失，有：

$$p_{ci} - \Delta\delta_i \geqslant p_j \qquad i = 1, 2, \cdots, n \qquad (5\text{-}69)$$

式中　$\Delta\delta_i$——第 i 台注水泵出口到该注水站所在管网节点的沿程阻力损失，因为该值很小，通常可取为一个常数，令 $\Delta\delta_i = 10\mathrm{m}$；

　　　p_j——第 i 台注水泵所属注水站的管网节点压力，MPa。

5.5.3　约束条件的处理和转化

① 约束条件（1）是系统在仿真模拟时所建立的系统水力平衡方程组，在优化过程中，每次给出一组开泵方案和注水泵的外输水量后，通过调用该方程组的解算程序来计算管网各节点的压力值，所以该约束条件也就自然得到了满足。

在方程组求解时需要事先设定一个参考点，最后根据系统服务质量要求对各节点压力值进行修正，具体做法与 5.3.2 节相同。

② 约束条件（2）的等式约束和约束条件（4）的不等式约束，在算法操作过程中，通过对优化变量的预先判断来保证约束条件的满足。

③ 约束条件（6）是对注水泵外输压力的限制，在优化过程中，以注水泵的外输水量作为优化变量，所以当给定一组注水泵外输水量后，根据注水泵的流量-扬程特性曲线（将调速泵按恒速泵处理）可以计算出该外输水量下各注水泵的出口压力 p_{ci}，PCP 系统的注水泵外输压力 p_{ci} 由同一流量下增压泵（调速泵，按恒速泵处理）外输压力和注水主泵外输压力叠加而成。选定任一参考点的压力，通过解算注水系统水力平衡方程组，得出管网系统各节点的压力，然后根据各注水泵与所在注水站节点的压力差值，对管网系统各节点压力进行修正，给出一组泵管压差最小、且满足注水泵正常运行的压力约束条件。对管网系统各节点压力进行修正的具体步骤如下：对注水泵出口外输压力 p_{ci} 减去 $\Delta\delta_i$ 后与所在注水站节点压力 p_j 做差值，选取该差值的最小值，然后对注水管网系统的每个节点压

力都加上这个最小值。这样在保证注水泵工作压力的前提下，可以至少使一个注水站的泵管压差为最小值。对于调速泵和 PCP 系统，按照公式 $p_{ci} = p_j + \Delta \delta_i$ 来设置泵的出口压力，对于调速泵，p_{ci} 不能低于在该外输水量下调速范围内的最低压力 p_{ts}^{min}，对于 PCP 系统，p_{ci} 不能低于增压泵在该外输水量下调速范围内的最低压力与注水主泵的外输压力之和 p_{PCP}^{min}，以确保泵管压差达到最低值。否则，选取 p_{ts}^{min} 为调速泵的出口压力，p_{PCP}^{min} 为 PCP 系统注水泵的出口压力。

再依据此时的排量和扬程值，根据公式（5-55）便能确定出调速泵（包括 PCP 系统的增压泵）的转速。因此在求解注水管网系统节点压力值的过程中，注水泵外输压力的限制和调速泵转速约束都得到了满足。

④ 针对约束条件（5）的不等式约束，构造外点罚函数，其形式为：

$$\min \quad f(Q, r) = f'(Q) + rM_1 \tag{5-70}$$

$$M_1 = \sum_{i=1}^{n_w} \left[\min(0, p_i - p_i^{min}) \right]^2 \tag{5-71}$$

$$r^{(k+1)} = \alpha r^{(k)} \tag{5-72}$$

式中　M_1——不等式约束的惩罚项；

　　　r——惩罚因子，它是由小到大且趋近于 ∞ 的数列，即 $r^{(0)} < r^{(1)} < r^{(2)} < \cdots \to \infty$；

　　　α——惩罚项影响系数。

式（5-70）和式（5-62）构成了新型自适应蚁群遗传混合算法的标准形式。

5.5.4　优化模型的求解

本优化模型采用双重编码的新型自适应蚁群遗传混合算法进行求解，其求解过程如下：

（1）确定编码形式

选用注水泵的外输水量 Q 作为优化设计变量，由于注水系统运行方案优化过程中要同时解决系统最优开泵方案和运行参数优化两个问题，所以本书采用了双重编码。第一行采用二进制编码，因为各注水泵只有开或停两种状态，可以用二进制编码中的 1 或 0 来对应，所以用 1、0 来表示该泵的开停状态，1 表示开，0 表示停；第二行采用实数编码，表示各注水泵的外输水量，以避免二进制编码存在的缺点。

（2）将连续变量空间离散化

将各注水泵外输水量在 $[Q_{gi}^{min}, Q_{gi}^{max}](i = 1, 2, \cdots, n)$ 空间内分割成 N 个子区间，则第 i 维优化变量每个子区间的长度 $L_i = (Q_{gi}^{max} - Q_{gi}^{min})/N(i = 1, 2, \cdots,$

n)，各维变量各子空间所属的区域为 $[Q_{gi}^{\min} + (j-1)L_i, Q_{gi}^{\min} + jL_i]$（$i=1$，$2$，$\cdots$，$n$；$j=1$，$2$，$\cdots$，$N$），在每维优化变量搜索空间内，放置 m 只数量的蚂蚁。

（3）确定适应度函数

适应度函数的确定与上一节内容相同，此处不再细述。

（4）产生初始解，各子区间信息素初始化

由于优化变量比较多，为了提高算法的效率，减少优化过程中不可行解的产生，在产生 m 个初始解 Q_1，Q_2，$\cdots$，Q_m 时，要保证初始解同时满足系统总水量的等式约束和注水站来水量的不等式约束。

当某一个初始解产生时，首先产生一个二进制编码，然后对二进制编码的可行性进行初始判断：

① 对运行的注水泵外输水量约束是否满足系统总用水量需求进行判断。

分别求出二进制编码为1的基因位所对应的注水泵的最小排量与最大排量之和，并令其分别等于 $Q_{\text{All}}^{\min}$ 和 $Q_{\text{All}}^{\max}$，判断系统总水量 Q_{All} 是否在 $[Q_{\text{All}}^{\min}, Q_{\text{All}}^{\max}]$ 范围内。

② 对各站运行的注水泵是否满足该站的来水量需求进行判断。

分别求出各注水站中二进制编码为1的基因位所对应的注水泵的最小排量与最大排量之和，令其分别等于 $Q_{s\text{All}}^{\min}$ 和 $Q_{s\text{All}}^{\max}$，并判断 $Q_{s\text{All}}^{\min}$ 是否大于 $Q_{sj}^{\min}$，$Q_{s\text{All}}^{\max}$ 是否小于 $Q_{sj}^{\max}$。

如果上述两个判断条件都满足，则说明二进制编码所设定的开泵方案基本可行，否则需要对二进制编码重新产生。

二进制编码产生后，需要产生其对应的实数编码。随机产生各二进制编码所对应的实数编码，即注水泵的外输水量。将二进制编码为1的注水泵外输水量相加，得到水量 Q_{All}^{kb}，将其与系统注水井所需总水量 Q_{All} 进行对比。如果二者不相等，按比例调整各运行泵的外输水量，直到满足 $Q_{\text{All}}^{kb} = Q_{\text{All}}$。然后对各注水站内运行注水泵的外输水量之和进行判断和处理，对于不满足供水量约束的站，可以将水量和其他站同时进行调节协调，使其同时满足不等式要求，如果其他站都无法和其进行调节协调，则说明此二进制编码不可行，需要重新产生二进制编码。

对于二进制编码为0的注水泵，同样随机产生其实数编码，其值参加遗传算法的操作，只是不参加目标函数的计算。

计算初始解的函数值 f_1，f_2，$\cdots$，f_m 和相应的适应度函数值 fitness$_1$，fitness$_2$，$\cdots$，fitness$_m$。根据式(5-20) 和式(5-21)，对各维分量的各子区间进行信息素的初始化。

（5）蚂蚁移动

根据各维变量各个子区间的信息素浓度比例，重新分配各个子区间里实际应该拥有的蚂蚁数量，完成蚂蚁的移出和移入操作，构成新的解 $Q_1^{(1)}$，$Q_2^{(1)}$，…，$Q_m^{(1)}$；分别计算 $Q_1^{(1)}$，$Q_2^{(1)}$，…，$Q_m^{(1)}$ 的函数值 $f1_1$，$f1_2$，…，$f1_m$ 和适应度函数值 fitness1_1，fitness1_2，…，fitness1_m。

（6）遗传操作

对各维变量各子区间内蚂蚁进行选择、交叉和变异遗传进化，产生 m 个子代解 $Q_1^{(2)}$，$Q_2^{(2)}$，…，$Q_m^{(2)}$。

交叉方法与前两节内容基本相同，所不同的是，在交叉操作时要对二进制编码和实数编码同时进行交叉，并且二进制编码交叉后需进行基本可行性判断，如果不可行，则需要进行交叉修复。修复时，如果不满足基本可行性判断中的条件①，而且开泵数量过少，则随机选择一个二进制编码为 0 的基因，把其值变为 1，循环执行，直到满足条件；如果开泵数量过多，则处理情况相反。实数编码交叉后需对系统注水总量和站供水量进行处理，方法与产生初始解时方法相同。

变异时需针对二进制编码和实数编码同时或分别进行变异操作，根据注水系统的实际运行情况，变异通常有以下四种方法：

① 增开一台注水泵。

随机选择一个二进制编码为 0 的基因位，把其编码由 0 变为 1，即增开一台注水泵。判断该编码的可行性，如果可行，则在其他编码为 1 的基因对应的实数编码上按比例减去 Q_i 值，同时需要保证其注水泵外输总水量约束和注水站供水量约束。通常情况下，一个注水站内同时运行的注水泵数量不会超过 2 台，因为当运行注水泵数量过多时，该注水站对应的出口水量增加，注水半径将变大，同时管线中流速升高、压力损失变大，使得系统的能量损耗增加。因此利用该种方法进行变异时，如果某站开泵已达到了 2 台，则选择其他站内注水泵对应的 0 位基因进行变异，这样可以提高解的质量，避免无用的搜索。

② 减少一台注水泵。

随机选择一个二进制编码为 1 的基因位，把其编码由 1 变为 0，即减少一台注水泵。判断该编码的可行性，如果可行，则把 Q_i 值按比例加到其他编码为 1 的基因对应的实数编码上，同时也需要保证其注水泵外输总水量约束和注水站供水量约束。

③ 两个开、停泵互换。

开泵总数量保持不变，同时选择一个二进制编码为 1 的基因位（设为第 i 位）和一个为 0 的基因位（设为第 j 位），设二进制编码的第 i 位由 1 变为 0，第 j 位由 0 变为 1。因为可能出现第 i 位和第 j 位对应的泵型号不同的情况，所以同样需要判断该编码的可行性，如果可行，则交换 Q_i 和 Q_j 值。

④ 两台运行泵同时进行水量扰动变化。

在开泵方案不变的情况下，只对运行泵的外输水量进行变异。为了保证总水量不变，随机改变两台运行注水泵的外输水量，即同时随机选择两位二进制编码为 1 的基因位，设为第 i 位和第 j 位，在保证其外输水量和注水站供水量约束的前提下进行如下操作：

$$\begin{cases} Q_i = Q_i + \Delta \\ Q_j = Q_j - \Delta \end{cases}$$

式中　Δ——一个小的水量扰动变化。

分别计算 $Q_1^{(2)}$，$Q_2^{(2)}$，$\cdots$，$Q_m^{(2)}$ 的函数值 $f2_1$，$f2_2$，$\cdots$，$f2_m$ 和适应度函数值 $\text{fitness}2_1$，$\text{fitness}2_2$，$\cdots$，$\text{fitness}2_m$。

（7）产生新解、子空间信息素更新

将 $Q_1^{(2)}$，$Q_2^{(2)}$，$\cdots$，$Q_m^{(2)}$ 与 $Q_1^{(1)}$，$Q_2^{(1)}$，$\cdots$，$Q_m^{(1)}$ 进行一一比对，挑选新解 Q_k：

$$Q_k = \begin{cases} Q_k^{(2)} & (f2_k < f1_k \text{ 或 } \text{fitness}2_k > \text{fitness}1_k) \\ Q_k^{(1)} & （否则） \end{cases}$$

根据式(5-23)～式(5-25)对各维变量的各子区间的信息素进行更新操作。

（8）算法终止条件

由于目标函数中有惩罚项，所以判断算法收敛时的终止条件要满足两个条件：①蚁群算法连续 q 次迭代产生的新解没有发生变化；②蚁群算法产生的新解对应的惩罚项 rM 小于给定精度 ε。当同时满足这两个条件时，即可认为算法收敛，停止计算，输出最优解。同时为了防止算法不收敛时无法退出循环，设定最大迭代次数，当不能满足上述收敛条件，但循环次数达到最大迭代次数时，停止循环，以当前最优解作为最终结果输出。

5.5.5　计算实例

仍以某油田注水系统为例，该注水管网系统分压后，划分的高、低压管网系统分别见图 5-10 和图 5-11，高压区包括 3 座注水站，低压区包括 7 座注水站，其中有一台注水泵安装了大功率高压变频器。通过对高、低压管网系统进行仿真模拟分析，分别对高、低压区进行了注水泵的调整和改造。先后对低压区的 7 台注水泵和高压区的 1 台注水泵进行了减级操作，并对其中低压区的 3 台注水泵和高压区的 1 台注水泵安装了 PCP 控制系统。系统改造完成后，分别对高、低压管网系统进行注水泵变频调速和运行方案优化，优化结果见表 5-6 和表 5-7，优化方案实施后，现场生产数据见表 5-8 和表 5-9，从数据对比来看，优化后取得了明显的节能效果。

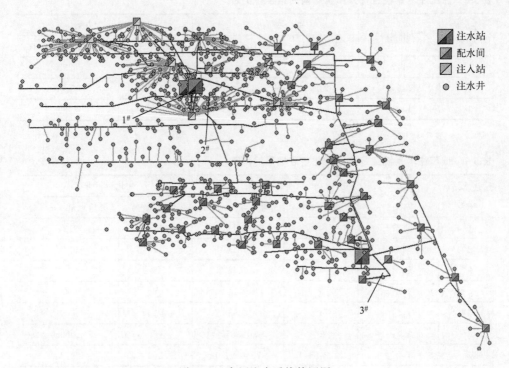

图 5-10　高压注水系统管网图

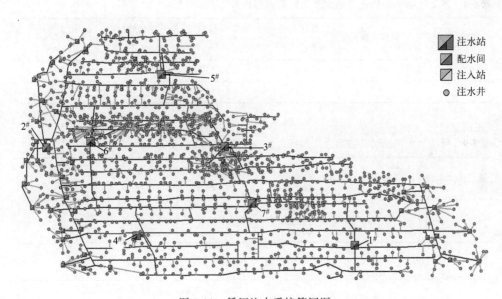

图 5-11　低压注水系统管网图

表 5-6 高压注水系统运行方案优化前后结果对比表

注水站编号	可用泵号	当前运行方案		优化运行方案	
		运行泵号	外输水量/(m³/d)	运行泵号	外输水量/(m³/d)
1#	1,2	2	8519	2	8222
2#	1,2,3	2,3	7021,4833	1,2	6952,6781
3#	1,2,3	2	10151	2	8569

表 5-7 低压注水系统运行方案优化前后结果对比表

注水站编号	可用泵号	当前运行方案		优化运行方案	
		运行泵号	外输水量/(m³/d)	运行泵号	外输水量/(m³/d)
1#	1,2,3	1,2	8106,6008	1	9129
2#	1,2	2	6753	1	6749
3#	1,2,3	3	6677	3	9508
4#	1,2,3	1	6714	2	8000
5#	1,2,3	1	9293	1	9503
6#	1,2,3	2	10981	2	10996
7#	1,2,3	2,3	7544,6939	2,3	7629,7501

表 5-8 高压注水系统优化前后生产运行数据对比表

高压注水系统	开泵台数	日注水量/(m³/d)	平均泵压/MPa	平均管压/MPa	泵水单耗/(kW·h/m³)
优化前	4	30524	16.13	15.63	5.69
优化后	4	30524	15.90	15.40	5.48

表 5-9 低压注水系统优化前后生产运行数据对比表

低压注水系统	开泵台数	日注水量/(m³/d)	平均泵压/MPa	平均管压/MPa	泵水单耗/(kW·h/m³)
优化前	9	69015	16.23	15.68	5.60
优化后	8	69015	15.36	14.69	5.19

第**6**章

油田注水系统欠注井群增压
方案设计与优化

　　油田注水驱油是保持油田高效生产的有效方式，但在同一套注水管网中，由于注水井分布不同及注水地层结构、性质不一样，导致其注水压力相差很大，为保证所有注水井均能满足配注要求，要求系统压力必须大于或等于注水压力最高的少数井的压力，而对于系统中大多数低压井来说，系统提供的压力要远远大于其正常工作所需压力，需要通过调节注水井井口阀门来调压，因此存在较高的井口节流能耗损失。另外，长期在高压工况下运行，管网系统的跑冒滴漏现象及安全维护费用随之增高，管网出现故障的概率也会增加，因此，有必要对注水系统进行整体降压改造，实施分压注水，在保证少数高压井注水需求的基础上，降低整体注水管网的运行压力，以达到节能降耗、提高系统效率并提高管网运行安全性。为此，提出分压注水方案：对高压欠注井进行单独增压注水，对大部分低压井网进行降压运行。对欠注井群（高压区）实施增压注水设计：根据欠注井的地理分布特点选择合理的增压模式，运用聚类算法求出增压站位置及个数，再根据管线铺设加权距离最短为目标优化井站拓扑关系，然后确定增压站的设计规模，最后将各个增压站以连接管线最短为原则连接到注水管网干线上，从而完成增压注水初步设计；分析运行能耗主要影响因素，对管径及增压站的最小增压扬程进行优化研究，进而对增压注水设计方案做出优化。对低压区注水站实施相应的调节：注水站经过长期的运行，泵的参数与原来参数相比产生偏差，使用生产大数据对泵特性曲线进行参数的修正；以单耗最小为目标实现各注水泵排量的优化；并参考注水站的特性曲线，进行优化开泵。

6.1 高压区增压注水方案设计与优化

6.1.1 欠注井的确定

对油田实施增压注水的设计，首先要确定的问题是欠注井的选取和井位的分布情况。欠注井的选取（即管网的压力划分），根据油田生产数据库可以得到所需的所有相关数据值，对于压力划分的思想是：从数据库中获取所有的单井生产数据值、泵压和油压，求出所有的井的泵压与油压之间的差值，将此差值作为注水管线的压力损失，SY/T6569—2017《油气田生产系统经济运行规范　注水系统》指出，注水干线的阻力损失应该控制在 1.0MPa 以内，泵管压差宜控制在 0.5MPa 以下，故可以此为根据实现注水系统中压力的划分，以管线损失压力差值 1.5MPa 为界限对原管网系统实施整体降压处理，进而确定出欠注井。

6.1.2 增压注水

油田注水系统中，如果局部区域出现了一部分水压力大的注水井，为使整体注水系统达到配注要求，往往会增加整体注水系统的注水压力，如此一来，将导致其他水压较小的部分注井的截流损失增大，从而导致能源的损失也很大，因此，为了克服这个情况，对于局部较少量的高压注井，可以实行增压注水方式，这样既能够不增加整个管网的水压，又可以使整体高压井系统达到配注需要，但是，对于实现该方法的优越性还必须有科学原理的支持，为此有必要研究如下。

注水泵运行效率：

$$\eta_p = \frac{(p_{\mathrm{O}} - p_1)Q}{3.6 P_p} \times 100\% \tag{6-1}$$

注水泵的轴功率：

$$P_p = P_e \eta_e \tag{6-2}$$

注水泵电机输入功率：

$$P_e = \frac{(p_{\mathrm{O}} - p_1)Q}{3.6 \eta_e \eta_p} \tag{6-3}$$

原注水系统效率：

$$\eta = \frac{\sum_{i=1}^{n} p_i Q_i}{\dfrac{(p_{\mathrm{O}} - p_1)Q}{\eta_e \eta_p}} \times 100\% \tag{6-4}$$

对原管网系统实施整体降压局部增压后则有：

增压注水系统管网效率：

$$\eta^z = \frac{\sum\limits_{i=1}^{m} p_i^z Q_i^z}{\dfrac{(p_O^z - p_I^z)Q^z}{\eta_e^z \eta_p^z}} \times 100\%$$ (6-5)

式中 η^z——增压注水管网系统效率，%；

p_O^z——增压区注水泵出口压力，MPa；

p_I^z——增压区注水泵入口压力，MPa；

Q^z——增压区注水系统总流量，m^3/h；

m——增压区注水井数；

η_e^z——增压区电机效率，%；

η_p^z——增压区注水泵效率，%；

p_i^z——增压区第 i 口井注水压力，MPa；

Q_i^z——增压区第 i 口井注水量，m^3/h。

低压注水系统管网效率：

$$\eta^l = \frac{\sum\limits_{i=1}^{n} p_i^l Q_i^l}{\dfrac{(p_O^l - p_I^l)Q^l}{\eta_e^l \eta_p^l}} \times 100\%$$ (6-6)

式中 η^l——低压注水管网系统效率，%；

p_O^l——低压区注水泵出口压力，MPa；

p_I^l——低压区注水泵入口压力，MPa；

Q^l——低压区注水系统总流量，m^3/h；

n——低压区注水井数；

η_e^l——低压区电机效率，%；

η_p^l——低压区注水泵效率，%；

p_i^l——低压区第 i 口井注水压力，MPa；

Q_i^l——低压区第 i 口井注水量，m^3/h。

管网增压改造后的注水井数不变，$N = n + m$；总流量不变，$Q = Q^z + Q^l$。

实施整体降压局部增压后注水系统管网效率为：

$$\eta' = \frac{\sum\limits_{i=1}^{N} p_i Q_i}{\dfrac{(p_O^l - p_I^l)Q^l}{\eta_e^l \eta_p^l} + \dfrac{(p_O^z - p_I^z)Q^z}{\eta_e^z \eta_p^z}} \times 100\%$$ (6-7)

实施整体降压局部增压后管网与原管网输入功率差为：

$$\Delta p = \frac{(p_O - p_I)Q}{\eta_e \eta_p} - \frac{(p_O^z - p_I^z)Q^z}{\eta_e^z \eta_p^z} - \frac{(p_O^l - p_I^l)Q^l}{\eta_e^l \eta_p^l} \qquad (6-8)$$

设原管网泵机组效率与降压后低压区、增压区的泵机组效率相等，设为 η_1，增压管网接入低压管网干线上，故而低压区干线压力为增压区进入压力，则有：

$$\Delta p = \frac{(p_O - p_O^l)Q^l + (p_O - p_O^z + p_I^z - p_I)Q^z}{\eta_1}$$

又：$p_O > p_O^l$；$p_O > p_O^z$；$p_I^z > p_I$

故：$\Delta p > 0$

在注水系统中注水井的油压和配注量是不变的，实施注水管网整体降压后局部增压注水措施，使得整个系统中注水泵的输入功率降低了，故整个注水管网系统的耗电量降低，而管网效率提高。

6.1.3 增压注水形式

油田注水采油生产中，由于多种因素的影响，使得某些区域或注水井的配注压力变大，如此一来，原来的注水系统中的泵站所提供的能量将不能满足此类注水井的最小配注要求，因此，为使得原来油田保持继续正常生产运行，势必要提高注水压力。在实际油田中，配注困难的注水井毕竟是少数，若在原来的注水系统中直接提升泵站的配注压力，能够让配注困难的注水井正常配注，但是会产生能量的浪费，比较好的方式是对原油田注水系统进行改造，实现分压注水，根据配注压力的不同进行区别对待，压力低的井区进行降压，压力较高的井群实施增压，以此来实现节能降耗的目的。本书的主要内容为增压注水研究，故重点为待增压井区的增压研究，应对上述的相关问题，关于欠注井群进行增压注水研究先要确定增压注水的形式，增压注水的形式多种多样，最好根据不同实际情况作出选择。

6.1.3.1 集中增压注水

集中增压式的注水形式就是把某一区域的注水井集中起来，在该区域建立增压站或高服务能的注水站进行注水。这种形式的注水方式一般适合注水困难的井区较为集中的情况，也就是说，在油田注水管网系统的某一块整的区域都注水困难，如此一来，这片区域就可以便捷地划分出来单独进行处理。

如图 6-1 所示，该油田的注水井压力分布很明显，注水困难的井群集中在油田的右边区域，因此可以将此类注水井划分出来实施集中注水。

6.1.3.2 单井增压注水

一般单井增压式的注水形式就是在个别注水困难的注水井口安装增压泵，将

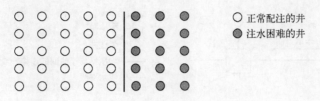

图 6-1　油田注水井压力分布图

井口处来水压力进行二次增压，以满足注水困难井的配注压力的注水形式，如图6-2所示。这种形式的注水方式适合于分布较为零散的欠注井且欠注井的数量不宜过多。

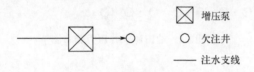

图 6-2　单井增压示意图

如图 6-3 所示为某一油田注水井压力分布，注水困难的井分布较为零散且数量比较少，针对此类油田注水井，采取单井增压注水措施较为合理。

图 6-3　油田注水井压力分布图

6.1.3.3　局部增压注水

局部增压注水形式，当在油田注水系统中的某一区域内既有正常的注水井又有注水困难的注水井时，即正常注水井与注水困难的井呈耦合形式时，若对此类注水井实施增压注水，不管是选择集中增压注水，还是一般的单井增压注水，都不理想，本书的注水思想是将此区域中的注水困难的井群再次实现分离，之后再在此类井群中建立多个增压站，并且使得增压站携带分管多个注水井实现增压注水，如图6-4所示。

某一油田注水井的压力分布如图 6-5 所示，正常配注的注水井和配注困难的注水井交错耦合，此时应采用特殊形式的局部增压方式较为恰当。

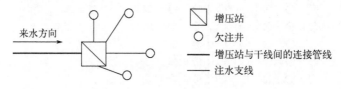

图 6-4　局部增压示意图

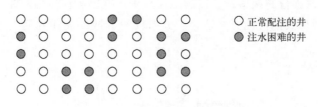

图 6-5　油田注水井压力分布图

6.1.3.4　混合增压注水

混合增压注水是指在一个注水系统中采用两种以上的增压方式组合注水，因待增压注水井的分布不均且形式多样，使用单独的一种增注方式往往不能满足所有欠注井的增压注水，因此需要辅之以其他形式的增压方式，单井增压有很强的灵活性，常用来辅助其他形式以完成整个系统的注水。

6.1.4　增压注水形式的选择

在对某一油田实施增压注水，首先要确定其适合的增压形式，而增压形式选择主要取决于欠注井的分布形式和整个油田注水系统中的井压力分布情况，如图6-6所示，很明显该油田中欠注井与整个油田中能够正常配注的注水井交错耦合且部分欠注井分布比较零散，故选局部增压方式为主要的增压方式，辅之以单井增压方式来对于过于零散的欠注井实施增压注水的混合增压方式。

6.1.5　增压注水管网优化布局

在欠注的井群选定和增压形式确定后，就需要在该区域进行增压设计研究，最首要的问题是增压站的位置选取，应该设置多少个增压站比较合理（增压站的数目确定），再有就是增压站与欠注井间的隶属关系以及增压站携带的注水井数目约束。对增压注水管网进行优化布局，就是在站、井隶属关系确定后使得连接

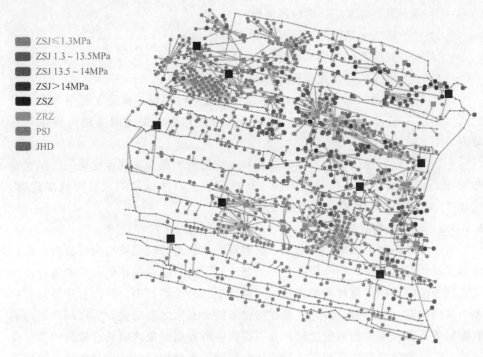

ZSJ≤1.3MPa
ZSJ 1.3 ~ 13.5MPa
ZSJ 13.5 ~ 14MPa
ZSJ>14MPa
ZSZ
ZRZ
PSJ
JHD

图 6-6　某油田注水井压力分布图

管线最短。

6.1.5.1　目标函数模型的建立

站、井间的优化布局，是在满足井正常配注的前提条件下使得投入最小，故设计变量为增压站数量、欠注井与增压站的隶属关系和增压站的位置坐标，数学模型为：

$$\min \quad F = \sum_{j=1}^{m} w_j + \sum_{i=1}^{n}\sum_{j=1}^{m} \delta_{ij} c_{ij} \sqrt{(x_i - x_j)^2 + (y_i - y_j)^2} \tag{6-9}$$

$$\text{s. t.} \sum_{i=1}^{n} \delta_{ij} = 1, j = 1, 2, \cdots, m \tag{6-10}$$

$$\delta_{ij} \in \{0, 1\} \tag{6-11}$$

$$\boldsymbol{U}_j \in \boldsymbol{U}, j = 1, 2, \cdots, m \tag{6-12}$$

式中　m ——增压站的数量；

$\quad\quad w_j$ ——第 j 座增压站的造价；

$\quad\quad n$ ——欠注井的数量；

$\quad\quad \delta_{ij}$ ——第 i 口欠注井到第 j 个增压站的连接关系，0—未连接，1—有连接；

c_{ij}——第 i 口欠注井到第 j 个增压站的连接管线的造价；

(x_i, y_i)——第 i 口欠注井的位置坐标；

(x_j, y_j)——第 j 个增压站的位置坐标；

U——欠注井位置坐标集合；

U_j——增压站的位置坐标集合。

式(6-10)和式(6-11)为站、井隶属关系唯一性约束，保证了每一欠注井只能隶属于某一增压站；式(6-12)为增压站位置约束，保证增压站布置在可行域内。

上述优化问题是一个涉及离散变量和连续变量的复杂非线性优化问题。它是布局-分配问题的扩展，已被证明为 NP 难问题。当增压站的数目得到确定时，式(6-9)将转变为求解连接管线最短的问题。

6.1.5.2 模型求解算法

对于数学模型的求解，本书采用聚类算法，聚类分析也被称为群分析，是一种多元统计分析方法，用于研究分类问题。所谓类，就是指相似元素的集合，为了实现分类的目标，常常需要将相似元素聚集到一个类别中，通常会选择元素的多个共同指标，并通过分析这些指标的值来区分元素之间的差异。在同一簇内的数据对象具有较高的相似度比较，而不同簇中的数据对象之间具有较高的差异度比较。所研究的对象数据相互之间的相似程度的衡量指标是根据对象数据的相关属性来确定，最普遍且常用的衡量指标是所研究数据彼此间的距离远近，距离越大，说明数据彼此相似度越低，反之则相似度越高。聚类的目的是最大程度地使得在同一类的数据元素间的相似度高，类间的数据元素之间的相似度小。

（1）聚类任务

在无监督学习中，训练样本的标记信息未知，其目标是通过对未标记训练样本的学习，揭示数据的内在性质和规律，为进一步的数据分析提供基础。在这类学习过程中，聚类分析是研究最广泛且应用最广泛的方法之一。聚类是将数据集中的样本划分为多个互不重叠的子集（簇）的一种方法。通过这种分类方式，每簇都对应了若干潜在的子类型，而这种分类方法在聚类算法中往往是事先未知的。聚类分析法过程中可以自动建立簇结构，而簇所对应的类型的含义可以由使用者来命名。因此聚类分析法不仅能够成为一种独立的研究步骤，可以用来探索数据内在的分布结构，而且还能够成为分析其他机器学习任务的前驱步骤。

（2）性能度量

聚类结果的好坏，我们需要使用某种性能度量来评估聚类结果的质量和准确性，聚类的性能度量可以通过两种方式进行评估。一种方式是外部指标，这种度量方式将最终的聚类结果与预先设定的参考模型进行比较，另一种方式是内部指标，这种度量方式直接对比最终的聚类结果，而不依赖于任何外部参考模型。

存在数据集 $D = \{x_1, x_2, \cdots, x_m\}$，若通过聚类后的簇划分为 $C = \{C_1, C_2, \cdots, C_k\}$，如有一给出的 $C^* = \{C_1^*, C_2^*, \cdots, C_s^*\}$ 表示为参考模型的簇划分。再有，令划分后簇 C 与 C^* 对应的标记向量分别表示为 λ 与 λ^*，定义

$$a = |\mathbf{SS}|, \mathbf{SS} = \{(x_i, x_j) \mid \lambda_i = \lambda_j, \lambda_i^* = \lambda_j^*, i < j\}$$

$$b = |\mathbf{SD}|, \mathbf{SD} = \{(x_i, x_j) \mid \lambda_i = \lambda_j, \lambda_i^* \neq \lambda_j^*, i < j\}$$

$$c = |\mathbf{DS}|, \mathbf{DS} = \{(x_i, x_j) \mid \lambda_i \neq \lambda_j, \lambda_i^* = \lambda_j^*, i < j\}$$

$$d = |\mathbf{DD}|, \mathbf{DD} = \{(x_i, x_j) \mid \lambda_i \neq \lambda_j, \lambda_i^* \neq \lambda_j^*, i < j\}$$

上述定义式中，$\mathbf{SS}$ 包含的全部样本对为在 C 中隶属于相同簇且在 C^* 中也隶属于相同簇，$\mathbf{SD}$ 中包含的全部样本对为在 C 中隶属于相同簇但在 C^* 中隶属于不同簇，以此类推，便可以知道，$\mathbf{DS}$ 和 $\mathbf{DD}$ 集合中包含的全部样本对的表示关系，因为一个集合中仅能出现一个样本对，于是 $a + b + c + d = m(m-1)/2$ 成立。

则聚类性能度量外部指标的常用表示公式为：

Jaccard 系数（JC）

$$JC = \frac{a}{a+b+c} \tag{6-13}$$

FM 指数（FMI）

$$FMI = \sqrt{\frac{a}{a+b} \times \frac{a}{a+c}} \tag{6-14}$$

Rand 指数（RI）

$$RI = \frac{2(a+d)}{m(m-1)} \tag{6-15}$$

一样本聚类结果的簇划分 $C = \{C_1, C_2, \cdots, C_k\}$，定义

$$avg(C) = \frac{2}{|C|(|C|-1)} \sum_{1 \leqslant i < j \leqslant |C|} dist(x_i, x_j)$$

$$diam(C) = \max_{1 \leqslant i < j \leqslant |C|} dist(x_i, x_j)$$

$$d_{\min}(C_i, C_j) = \min_{x_i \in c_i, x_j \in c_j} dist(x_i, x_j)$$

$$d_{cen}(C_i, C_j) = dist(\mu_i, \mu_j)$$

上述定义式中，$dist()$ 表示不同样本之间的距离计算，簇 C 的中心点用 μ 来表示，$avg()$ 表示簇内不同样本之间的平均距离，同一簇内不同样本之间的最远距离用 $diam()$ 来表示，两个不同簇之间最近样本的距离用 $d_{\min}$ 来表示，$d_{cen}()$ 代表两个不同的簇之间中心点间的距离。

则聚类性能度量内部指标的常用表示公式为：

DB 指数（DBI）

$$\mathrm{DBI} = \frac{1}{k} \sum_{i=1}^{k} \max_{j \neq i} \frac{\mathrm{avg}(C_i) + \mathrm{avg}(C_j)}{d_{\mathrm{cen}}(C_i, C_j)} \qquad (6\text{-}16)$$

Dunn 指数（DI）

$$\mathrm{DI} = \min_{1 \leqslant i \leqslant k} \left[\min_{j \neq i} \frac{d_{\min}(C_i, C_j)}{\max_{1 \leqslant l \leqslant k} \mathrm{diam}(C_l)} \right] \qquad (6\text{-}17)$$

（3）距离计算

最常用的距离是"闵可夫斯基距离"

$$\mathrm{dist}_{mk}(x_i, x_j) = \left(\sum_{u=1}^{n} |x_{iu} - x_{ju}|^p \right)^{\frac{1}{p}} \qquad (6\text{-}18)$$

当 $p = 2$ 时，闵可夫斯基距离即为欧氏距离

$$\mathrm{dist}_{ed}(x_i, x_j) = \| x_i - x_j \|_2 = \sqrt{\sum_{u=1}^{n} |x_{iu} - x_{ju}|^2} \qquad (6\text{-}19)$$

当 $p = 1$ 时，闵可夫斯基距离即为曼哈顿距离

$$\mathrm{dist}_{man}(x_i, x_j) = \| x_i - x_j \|_1 = \sum_{u=1}^{n} |x_{iu} - x_{ju}| \qquad (6\text{-}20)$$

若样本中的属性有不同的重要程度，可以对每部分进行加权处理，从而提高或降低不同属性的重要程度，以加权闵可夫斯基距离为例：

$$\mathrm{dist}_{wmk}(x_i, x_j) = (w_1 |x_{i1} - x_{j1}|^p + \cdots + w_n |x_{in} - x_{jn}|^p)^{\frac{1}{p}} \qquad (6\text{-}21)$$

其中权重 $w_i \geqslant 0 (i = 1, 2, \cdots, n)$ 表示不同属性的重要性，一般情况下 $\sum_{i=1}^{n} w_i = 1$。

（4）K 均值聚类算法

K 均值聚类算法是一种动态的快速聚类法，应用最为广泛，聚类算法的基本思想是，假设样本集中的所有样本可以分为若干不同的类别，并选择若干样本集中的样本作为初始的聚类中心，再根据全部样本到若干聚类中心之间的距离最小为原则，将每个样本分配到离其最近的聚类中心所对应的类别中，接下来，通过迭代计算各个类别的最新聚类中心，并根据新的聚类中心调整样本的分配情况，这个过程会一直进行，直到迭代收敛或聚类中心不再发生改变为止，如图 6-7 所示。

K 均值聚类算法最后将总样本集 G 划分为 C 个子集：G_1，G_2，$\cdots$，G_C，它们满足下面条件：

① $G_1 \cup G_2 \cup \cdots \cup G_C = G$

② $G_i \cap G_j = \varphi (1 \leqslant i < j \leqslant C)$

③ $G_i \neq \varphi$，$G_i \neq G (1 \leqslant i \leqslant C)$

设 $m_i (i = 1, \cdots, C)$ 为 C 个聚类中心，记

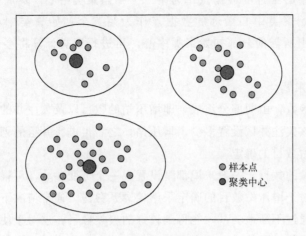

图 6-7　聚类分析示意图

$$J_e = \sum_{i=1}^{C} \sum_{\omega \in \mathbf{G}_i} \| \omega - m_i \|^2 \tag{6-22}$$

使 J_e 最小的聚类是误差平方和准则下的最优结果。

K 均值聚类算法描述如下：

① 初始化，设总样本集 $\mathbf{G} = \{\omega_j，j = 1，2，\cdots，n\}$ 是 n 个样品组成的集合，聚类数为 $C(2 \leqslant C \leqslant n)$，将样本集 $\mathbf{G}$ 任意划分为 C 类，记为 $\mathbf{G}_1$，$\mathbf{G}_2$，$\cdots$，$\mathbf{G}_C$，计算对应的 C 个初始聚类中心，记为 m_1，m_2，$\cdots$，m_C，并计算 J_e。

② $\mathbf{G}_i = \varphi(i = 1，2，\cdots，C)$，按最小距离原则将样品 $\varphi_j(j = 1，2，\cdots，n)$ 进行聚类，即若 $d(\omega_j，\mathbf{G}_k) = \min_{1 \leqslant i \leqslant C} d(\omega_j，m_i)$，则 $\omega_j \in \mathbf{G}_k$，$\mathbf{G}_k = \mathbf{G}_k \bigcup \{\omega_j\}$，$j = 1，2，\cdots，n$，重新计算聚类中心

$$m_i = \frac{1}{n_i} \sum_{\omega_j \in \mathbf{G}_i} \omega_j，i = 1，2，\cdots，C \tag{6-23}$$

式中 n_i——当前 $\mathbf{G}_i$ 类中的样本数目，并重新计算 J_e。

③ 若连续多次迭代后聚类中心不变，则算法终止（实际计算时，可以不计算 J_e，只要聚类中心不发生变化，算法即可终止），否则算法转②。

（5）K 均值聚类算法的改进

K 均值算法由于是随机选取初始化聚类中心，故容易收敛于局部最小，因此对于数据分散不规律的数据集，使用聚类算法时，应对其进行改进，以防止陷入局部最优的问题，改进的重点目标在于初始聚类中心点的选择。改进算法流程：先在密度最大的数据集中选出一点作为第一个初始聚类中心，再选取距

离第一个聚类中心最远的数据点作为第二个初始聚类中心，然后选取距离第一个和第二个初始聚类中心最远的数据点作为第三个初始聚类中心，根据此方式，依次选择出所需的全部初始聚类中心，再进行聚类计算将会很好地改善聚类效果。

6.1.5.3 模型求解

对于目标函数，由两部分组成，即增压站的数目以及欠注井的分组，首先要确定的是要在该欠注井区设置多少个增压站，之后再进行井组的划分问题。

（1）增压站数目的确定

关于增压站的数目，一般来说都是设置成一个可变参数，可根据实际需要自行设定。本书对于增压站数目的确定采用轮廓系数法。通常情况下，聚类中心个数是未知的，通过不断地尝试才能得到较好的聚类数目，这对于使用者来说很不方便，一般采用轮廓系数法和簇内离差平方和拐点法（手肘法）来确定聚类中心的个数。最常用的方法是轮廓系数法，轮廓系数是反映聚类效果好坏的一种评价方式，轮廓系数越接近 1，说明聚类结果越好；轮廓系数接近 -1，则表明聚类不合理，在使用轮廓系数法时，选择该系数最大值对应的 K 值即为最佳的聚类中心个数。具体方式是将欠注井群看做一个群体，利用轮廓系数来确定欠注井群体应划分为几类，之后使用聚类算法将其分为不同的具体类别，选取聚类结果最好时对应的轮廓系数值作为增压站的数目，在每一个类别中设置一个增压站，即有多少类就有多少个增压站。

轮廓系数法综合考虑了簇的密集性与分散性两个信息，如果数据集被分割为理想的 K 个簇，那么对应的簇内样本会很密集，而簇间样本会很分散。K 个簇的总轮廓系数定义为所有样本点轮廓系数的平均值。当轮廓系数小于 0 时，说明聚类效果不佳；当轮廓系数接近 1 时，说明簇内样本的平均距离非常小，而簇间的最近距离非常大，此时得出的结果为非常理想的聚类效果。

具体的轮廓系数计算过程和使用如下：

① 计算某一样本 x_i 到同一类别 C_k 其他样本的平均距离 a_i，将 a_i 称为样本 x_i 的簇内不相似度，a_i 越小，说明样本 x_i 越应该被分配到该类。

② 计算样本 x_i 到其他类 C_j 所有样本的平均距离，$j=1, 2, \cdots, K$，$j \neq k$，称为样本 x_i 与类别 C_j 的不相似度。定义样本 x_i 的簇间不相似度：$b_i = \min\{b_{i1}, \cdots, b_{ij}, \cdots, b_{ik}\}$，$j \neq k$，$b_i$ 越大，则表明 x_i 这一样本很大程度上不属于其他簇。

③ 按照样本 x_i 的簇内不相似度 a_i 和簇间不相似度 b_i，定义样本 x_i 的轮廓系数 S_i，以此来作为样本 x_i 分类合理性的度量。

④ 轮廓系数范围在 $[-1, 1]$，该值越大，聚类结果越理想。

$$S_i = \frac{b_i - a_i}{\max(a_i, b_i)} = \begin{cases} 1 - \dfrac{a_i}{b_i}, & a_i < b_i \\ 0, & a_i = b_i \\ \dfrac{b_i}{a_i} - 1, & a_i > b_i \end{cases} \qquad (6\text{-}24)$$

可以看出，S_i 距离 1 较近，则样本 x_i 比较合理的分配结果应在类别 C_k 中；S_i 距离 0 较近，表明样本 x_i 处于两个不同类别的边界中；S_i 距离 -1 较近，意味着样本 x_i 最不应该分配到类别 C_k 中，而是分配到其他类别较为合理。

⑤ 求出全部样本的轮廓系数 S_i 的均值，得到所有样本聚类结果的轮廓系数 S，以此来作为评判最终聚类结果合理性的度量。若聚类的结果较好，则对应的轮廓系数较大。

$$S = \frac{1}{N} \sum_{i=1}^{N} S_i \qquad (6\text{-}25)$$

⑥ 使用不同的 K 值进行 K 均值聚类，计算各自的轮廓系数 S，选择较大的轮廓系数所对应的 K 值。

如图 6-8 所示为某一待增压井区使用轮廓系数法获取最佳增压站的示意图，可以直观看出，轮廓系数最大时对应的增压站数（聚类中心个数）为 4，因此在该井区建立 4 座增压站较好。

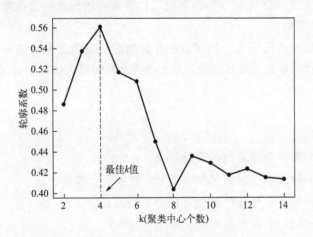

图 6-8　轮廓系数法示意图

(2) 井、站隶属关系确定

求解流程为：①确定相关变量，以欠注井的位置坐标 (x_i, y_i) 为聚类指标变量，以增压站的位置坐标 (x_j, y_j) 为聚类中心，以增压站的个数为聚类中心个数 k；②利用轮廓系数法或手肘法确定聚类中心的个数；③初始化聚类中心，先在数据集中选出密集度最大处的一点作为第一个初始聚类中心，选取距离第一个聚类中心最远的欠注井坐标作为第二个聚类中心，然后选取距离第一个聚类中心和第二个聚类中心最远的欠注井坐标作为第三个聚类中心，以此类推选出 k 个聚类中心；④开始聚类计算，计算每口井到每个聚类中心的欧式距离，根据距离最小原则将欠注井划分到相应的聚类中心；⑤更新聚类中心，以每一类下井坐标的平均值作为新的聚类中心按照步骤④重新计算，直至聚类中心不再改变即可终止计算。对于井站间的隶属关系和增压站的位置约束，在算法中自动得到满足。

6.1.6 增压站压力、流量的设定

增压站是油田增压注水系统的动力源，它是增压区注水系统能否正常工作的前提，在注水系统中，水流经过管道、阀门等设备会产生一定的水力阻力，增压站能够提供足够的压力，以克服这些水力阻力，确保水能够流畅地输送到注水井。注水井所需的水压力可能会受到外部因素的影响，如地形高低、管道长度等，增压站可以监测并调节水压力，以确保注水井始终处于稳定的工作状态，从而保证注水效果的稳定性和可靠性。增压站通过增加水的压力，可以提高注水的效率，高压力能够使水流速增加，缩短注水时间，并确保注水均匀分布在目标区域内。因此当欠注井区完成管网的布局后，需要对增压站的负荷能力进行设定。

6.1.6.1 数学模型

增压站的设计流量应大于所辖欠注井群的配注流量之和，增压站的设计压力应大于所辖欠注井中地质油压与沿程阻力损失之和的最大值，则数学模型表示为：

$$q_{ej} \geqslant \sum_{i=1}^{m_j} q_{pi} \tag{6-26}$$

$$p_{ej} > \max\{p_{yi} + \Delta p_{ji}\} \tag{6-27}$$

式中　q_{ej} ——第 j 个增压站的设计排量，m^3/h；

　　　q_{pj} ——增压站 j 所连的第 i 个欠注井的配注流量，m^3/h；

　　　p_{ej} ——第 j 个增压站的设计压力，MPa；

　　　p_{yi} ——第 i 个欠注井的地层油压，MPa；

　　Δp_{ji} ——第 j 个增压站与第 i 个欠注井连接管线中的压力损失，MPa；

　　　m_j ——第 j 个增压站所连注水井数。

6.1.6.2 模型求解

使用注水系统压力、流量方向计算方式求解模型。油田生产开发数据库是一个动态形式的数据库，里面含有所有的生产数据（如油井井压、注水井的配注流量和实际配注压力等），可以利用数据库里相关数据对注水管网的压力和流量实

施反向计算。注水管网压力、流量反向计算的基本思想是：从注水井开始，以注水井的现有数据值反向计算出注水管网系统中的所有未知的节点处的流量和压力值，与此同时，每段管线的流量和压力下降值均可求得。

注水管网的反向计算是由低层向高层的分层逐步计算方式，以此，每层中的每一部分的计算值要有一个汇总处以便使得计算方便，故而将此处设置为干线节点。很显然，当所有干线节点的压力、流量值已知，则整个注水系统的压力、流量分布就确定了。

图 6-9 为系统压力、流量反向计算示意图。干线节点 5 的压力值可根据压力平衡点 1、2 求出，同时可以确定（1）、（2）管道的流量。使用相同的方式，干线节点 6 的压力值可由压力平衡点 3、4 求得，（3）、（4）管道的流量也可得到。之后再求出注水站 7 的压力和（5）、（6）管道的流量，所需压力、流量值通过干线节点 5、6 确定。

图 6-9 中，1～4 为压力平衡点；5、6 为干线节点；7 为注水站；（1）～（6）为管线。

注水管网系统压力、流量的反向计算可灵活运用，总体思想是由低层到高层的计算，但不一定一直计算到注水站为止，需要哪个节点的值就计算到此处为止，对于子系统的计算来说，也是如此。

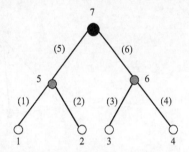

图 6-9　系统压力反向计算示意图

由于注水井的实际压力和配注流量是已知的，依据注水系统反向计算方法可以计算出增压站的最小压力和配注流量。

6.1.7　增压站与低压干线间的连接

当增压站的位置选定及站、井间管网连接完成后，需要将增压站与降压后的低压注水管网进行合理的连接，连接原则为使得增压站与低压注水管网干线之间的管线长度为最小。

因注水管网系统为一个复杂而庞大的网状分布系统，存在着成千上万的节点，这就使得各节点之间的连接管线并不是一条直线，如图 6-10 所示，于是，增压站连接到注水管网干线上的最短距离需要寻找出合理的方式，在实际的注水系统中，各节点的位置坐标为地理坐标，不可直接在二维直角坐标系中使用，但两点间的距离计算不受影响，如此一来，便需要寻找合理的解决方式。采用的方式为三角形面积法：选取距离增压站最近的注水干线上的一段直线干管，以该管线为底边，过该直线干管上的两个节点作直线并相交于增压站构造出一个三角形，则增压站与注水干线间的管线即为此三角形的高，因此，当这个三角形的面积知道时就能得出它的高，即可求出增压站与注水干线间的最短管线长度。如图6-10所示，各个节点的位置坐标已知，增压注水管网布局确定后增压站的位置坐标也就已知，选取增压站附近注水干线中的一段 2、3 节点间的注水干线，以此干线作为底边，过 2、3 节点作两条直线相交增压站形成一个三角形，高为增压站到节点 5 之间的距离，增压站和节点的位置坐标已知，则可得三角形的三条边的长，根据海伦公式（三角形面积公式）就能够求得这个三角形的面积，三角形的面积是不变的，使用底乘以高的一半的方式也可以得到面积，故可以反求出高的值，即得到增压站与节点 5 之间的管线长度。

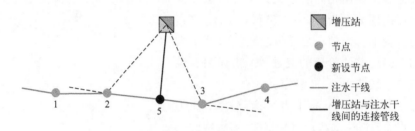

图 6-10   增压站与注水管网干线之间的连接关系图

6.1.8   增压泵的选择

增压泵的选择，即根据已知的需要增压的压力和流量值选择适合的增压泵。

增压站的最小负荷能力已经确定，增压站与低压管网的连接方式也已完成，因此，对于增压泵的具体增压扬程需要作出合理的选择。分两步进行：首先需要确定增压站与低压管网连接处干线节点的压力值，根据此节点压力值可得到增压站的输入压力；增压站输入压力和增压站出站压力都已知，则出站与入站的压力差就是增压泵的实际增压压力，从而问题的重心转移到增压站与低压管网交汇节点处压力值的计算问题。

根据注水管网反向计算原理，如图6-11所示，注水井 1 的压力和与注水干线间的连接管线相关参数均已知，注水井 2 的压力和与注水干线间的连接管线相关参数也已知，如此一来，就可以计算出交汇点 1 和交汇点 3 处的压力值，注水干线相关参数已知，再通过交汇点 1 与交汇点 3 的压力值求得交汇点 2 处的压力值，进而可得增压站的进站压力，从而增压站中增压泵的所需增压扬程便得到确定。

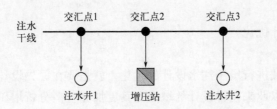

图 6-11　增压站与注水干线连接图

增压泵一般为离心式和往复式两种。

离心泵由叶轮带动叶轮间的液体产生离心力来实现动力传输，扬程与流量间呈非线性关系，可通过控制流量来调节扬程。

往复泵的扬程源于往复运动的活塞，它直接将机械能以静压形式传递给液体。因此，与离心泵不同，往复泵的扬程与流量无关。往复泵的实际扬程取决于管路系统的需求和泵的能力，而不是流量大小。表 6-1 为离心式注水泵与往复式注水泵的比较。

表 6-1　离心式注水泵与往复式注水泵的比较

项目	往复式注水泵	离心式注水泵
流量	一般比较小	很大
能耗	较高	较低
吸程能力	吸程能力较强，能处理较高的吸程要求	吸程能力较低
效率	具有较高的效率	较低
调节性	准确的流量调节，适用于需要准确剂量输送的场合	流量和扬程特性与工作点有关，调节性差
输送液体介质	适用于输送高压流体或高黏度液体	不能处理高黏度流体，可以输送污水、化学液体等
运行平稳度	运行不平稳，产生较大的振动和噪声	运行相对平稳，振动和噪声较小
结构	结构相对复杂，需要更多的维护工作	结构相对简单，维护相对容易
规模	体积大，重量大	体积小，重量轻
自吸能力	可以自吸，无需灌泵	基本不能自吸，需要灌泵
造价	比较昂贵	较为低廉

一般来说，油田注水系统中注水困难的井数占据整个注水井数的比例很小，相对应的所需注水量比较少，而压力比较高，因此各大油田对此类井实施增压注水时均采用往复式柱塞泵。

6.1.9 增压设计优化

对欠注井区域进行增压注水设计的优化，就是要在原先设计基础上加入系统中的能耗损失，以此来使得设计的增压方案更加完善。分析增压设计过程中的能耗影响参数并对其进行优化研究，以此来减少增压注水管网系统的运行费用。主要的能耗影响参数有管径和增压泵扬程，管线中的能耗与管径成反比关系，适当增大管径可以降低传输过程中能量的损失；对于增压泵，使得其在增压设计中选用的增压扬程较低可降低运行费用。

6.1.9.1 注水系统能耗分析

油田注水系统主要由电机、注水泵、注水泵出口流量调节阀、注水管网、井口及注水井等构成。除了注入地层的有效能量外，注水系统能量还要消耗在电机、注水泵、调节阀、管网和井口及井筒各处，因此构成了注水系统的总能耗，如图 6-12 所示。

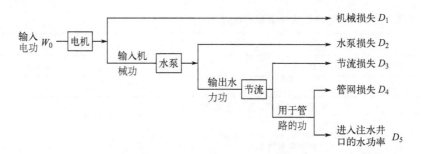

图 6-12　注水系统能流模型图

由能流平衡原理可知：

$$W_0 = D_1 + D_2 + D_3 + D_4 + D_5 \tag{6-28}$$

令 $D_1 + D_2 + D_3 + D_4 = D$，则有：

$$W_0 = D + D_5$$

式中　W_0——系统输入的总能量；

　　　D——总的损失的能量；

　　　D_5——系统有效能量。

若要使得总能量 W_0 有所降低，则必须从总的损失的能量 D 和系统的有效能量 D_5 入手，但在注水系统中，系统所需的有效能量由注水井配注要求而定，故可以认为是一定值，如此一来，只有降低能量在系统中的损耗才能降低总的输入能量，从而使得该系统达到节能降耗的目的。

在注水系统中，注水单耗是衡量注水系统的重要指标之一，对于同一系统而言，可以作为衡量系统在改造前后是否合理的判定标准，进一步而言，一个系统若要节能，就意味着系统中的电机损耗能量、注水泵损失的能量、节流损失能力与管网阻力损失的能量要小，针对能量的损失影响因素如下：

机械损失 D_1，所占比率为 $5\% \sim 10\%$，其大小来自于电机自身的无功损耗，与电机效率呈反比，受设备机型和质量好坏的影响。

水泵损失 D_2，所占比率为 $40\% \sim 50\%$，主要因机械磨损、容积漏损和水力损失引起，与泵效率呈反比。

节流损失 D_3，所占比率为 $15\% \sim 20\%$，主要由泵出口阀组的节流损失和中转站（如配水间等）的节流损失组成。系统中产生的原因为注水泵的泵压与注水井所需正常配注压力相差过大。

管网损耗 D_4，所占比率为 $20\% \sim 40\%$，它的影响因素主要为注水管线的管径、长短以及管壁的粗糙度等。

基于上述分析，对于增压注水系统进行优化，最关键的思想是以如何降低能耗为基本依据。

6.1.9.2 管径优化

增大注水管线的管径可以降低管线阻力，从而降低管线中流体输送时的能量损耗，但是增大管径、降低能耗的同时，管线的造价也相应大幅度增加，因此，需要综合考虑管径与管线造价二者的关系，寻求一个组合最优值具有重要意义。

每段注水管线上的运行费用包括管线中的能量运行费用（因能量由注水泵提供，故表现为注水泵的电费量）和管线维修费用，令管线运行费用以年费用计算。

驱动泵的电机提供的能量按下式计算（单位为 kW）：

$$P_e = \frac{\gamma q h}{\eta_e \eta_p} \times 10^{-3} \tag{6-29}$$

每米注水管线建设费用为：

$$c(d) = a + bd^\alpha \tag{6-30}$$

每段注水管道年维修费用为：

$$M_1 = \frac{P}{100} c(d) L \tag{6-31}$$

每段注水管线的年运行费用为：

$$M_2 = 365 \times 24 \Delta P_e E \tag{6-32}$$

每段管线的年运行费用与维修费用为：

$$M = \left(\frac{P}{100} + \frac{1}{T} \right)(a + bd^\alpha)L + 365 \times 24 \times 3600 \frac{\gamma q \Delta H}{\eta_e \eta_p} \times 10^{-3} E \tag{6-33}$$

式中　a，b，α——管道系数，可通过实际数据拟合得出；

　　　　d——管道直径，m；

　　　　L——每段管线长度，m；

　　　　T——设计年限；

　　　　P——每段管道的维修费用占管道建投费用的百分比，%；

　　　　γ——水的重度，N/m³；

　　　　q——管线中的流量，m³/s；

　　　　ΔH——管线的水头损失，m。

上式为一多元函数，若要求其最小值，只需使其对相应的参数求偏导数并令其偏导数为零即可。因此，要求年运行费用 M 最小时对应的管径 d ，只需要令其偏导数为零，便可求出对应的最小管径 d 。关于管线中的压力损失使用海曾-威廉公式，于是有：

$$M = \left(\frac{P}{100} + \frac{1}{T}\right)(a + bd^{\alpha})L + 365 \times 24 \times 3600 \times \frac{10.67\gamma q q^{1.852}L}{\eta_e \eta_p C_w^{1.852} d^{4.87}} \times 10^{-3} E$$

$$\frac{\partial M}{\partial d} = \alpha b \left(\frac{P}{100} + \frac{1}{T}\right)Ld^{\alpha-1} - 4.87 \times 365 \times 24 \times 3600 \times \frac{10.67\gamma q^{2.852}L}{\eta_e \eta_p C_w^{1.852} d^{5.87}} \times 10^{-3} E$$

令 $\dfrac{\partial M}{\partial d} = 0$，可得经济管径为

$$d = \left(\frac{4.87 \times 365 \times 24 \times 3.6 \times 10.67\gamma q^{2.852}E}{ab\left(\dfrac{P}{100} + \dfrac{1}{T}\right)\eta_e \eta_p C_w^{1.852}}\right)^{\frac{1}{\alpha+4.87}} \tag{6-34}$$

式中　C_w——管道粗糙系数。

通常情况下，使用上式计算得出的最优管径不一定为一整数值，且与实际生产的油田专用管线有差异，在这种状况下，应取与最优管径值接近的实际管径作为最佳管径。

6.1.9.3　经济增压扬程确定

在油田注水系统中，由注水站向整个系统提供能量（主要指压力），经过注水干线，到达配水间，再经过注水干线，最终到达注水井，在上述过程中，会产生部分能量的损失，因此能量会逐步减小。从图 6-13 可以看出，在注水站处达到最大形成峰值，各注水站之间能量分布呈山谷状，称此种能量分布规律为"压力谷"。大型注水系统拥有众多的井排干线，不同井排间的干线压力有差异，在压力平衡点处压力最小，因此，将增压站接入压力较大的干线节点上，可以降低增压泵的增压扬程，从而有效降低增压泵的输入功率，降低了电能的消耗。

增压站与欠注井之间的拓扑连接关系和增压站的服务能力确定之后，需要将增压站连接到改造后的低压管网上，在注水系统中，由于注水干线上能量损失较

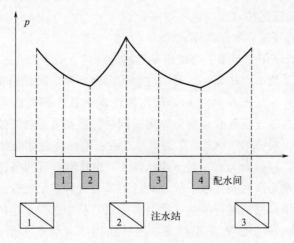

图 6-13　注水系统中压力曲线分布示意图

小，因此将增压站连接在注水干线上，连接要求为管线投入费用与管线运行费用最小且能为增压泵提供较大的能量（使得增压泵扬程降低，此处转化为增压站运行费用较小），用数学模型表示为：

$$\min F_I = F_1 + F_2 + F_3 + F_4$$

式中　F_1——全部连接干线一次性投入，元；

F_2——全部连接干管线年维修费用，元；

F_3——全部连接干管线年运行费用，元；

F_4——全部增压站年运行费用，元。

整理可得

$$\min F_I = \left(\frac{1}{T} + \frac{1}{P}\right) \sum_{j=1}^{m} c_j L_j + 365 \times 24 \times 3600 \sum_{j=1}^{m} \left(\frac{\gamma q_{zj} h_{zj}}{\eta_{ezj} \eta_{pzj}} \times 10^{-3}\right) E$$
$$+ 365 \times 24 \times 3600 \sum_{j=1}^{m} \frac{\gamma q_j \Delta h_j}{\eta_{el} \eta_{pl}} \times 10^{-3} L_j E$$

(6-35)

式中　L_j——低压干线与第 j 个增压泵连接管线长度，m；

c_j——低压干线与第 j 个增压泵连接管线的造价，元；

q_{zj}——第 j 个增压泵排量，m^3/s；

h_{zj}——第 j 个增压泵扬程，m；

η_{ezj}——第 j 个增压泵的电机效率，%；

η_{pzj}——第 j 个增压泵效率，%；

E——电价单元，元/kW·h；

q_j——低压干线与第 j 个增压泵连接管线中的流量，m^3/s；

η_{el}——低压区注水泵的电机效率，%；

η_{pl}——低压区注水泵效率，%；

Δh_j——低压干线与第 j 个增压泵连接管线的水头损失，m。

在油田注水系统中，相邻井排间的注水压力有差异，因此相邻注水干线上的压力就会产生差异。如图 6-14 所示，低压区注水干线 1 和 2 压力有差异，故在接入增压站时，在以连接管线最短为原则的同时，需要考虑能否使所连接的增压站提供较大能量，对于增压站 2，在其附近有且仅有一条注水干线，故只能连接到注水干线 1 上，连接点为 C；对于增压站 1，在其附近有两条注水干线，因此需要计算出增压站距离两条注水干线之间的距离，且计算出此管线上的能量损耗和与之相连接的增压站的运行能耗，综合考虑后，从中选取最小的一个作为连接干线，连接点为 A 或 B。关于连接点，能够使用原有节点尽量减少新设节点，如增压站 2 的最佳连接节点为 C，若 C 点和 D 点距离较近，亦可连接到 D 点。

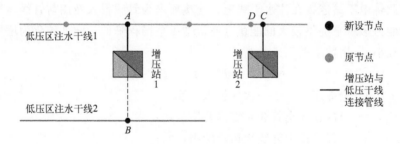

图 6-14　增压站与低压注水管网的连接方式

6.2　低压区注水系统运行优化

分析整个注水系统，由于增压区与降压后的管网连接在一起，因此实施增压措施后的管网可看做一个整体，增压站中的增压泵为往复泵，在增压设计过程中得到最优匹配，于是，若要使得系统的能耗实现最大幅度的降低，则必须对低压区中的注水站实施合理的调控及优化。

6.2.1　低压区注水站运行优化分析

注水离心泵在使用过程中，由于磨损等原因，使得离心泵的相关参数发生变化，此时不能用原有泵特性曲线对长期运行的泵进行有效的调节与控制，因此对离心泵运行参数需要进行修正并重新拟合。离心泵实际的特性曲线往往受诸多因素的影响，需要在特定的工况下，根据工作情况进行测试后再进行拟合，这种方式虽然能够得到较为精确的特性曲线，但需要停泵并切换管线，费用昂贵且费时较长，而借助油田注水生产大数据可以在不停泵、不花费额外经费的情况下，通过数据拟合的方法求出其特性曲线，且更为符合生产实际。在油田注水生产中，在注水站内一般有多台注水泵，依据需水量的不同，此类注水泵并非总是全部开启，因此，为使得注水站的注水效率达到最高，需要做出站中各个泵的组合特性曲线，从而根据需水量的不同选择出最佳的开泵方式，注水泵参数修正后，原先各泵的流量分配无法再使用，需要对泵重新进行流量分配优化以降低单耗。

6.2.2　注水泵最优工况调节

国内多数油田常使用的注水泵为多级离心式注水泵，该泵一般高效运行区较窄，驱动电机为大功率电机，运行效率不是很高，无法调节自身的扬程和流量，因常用阀门来调节泵的流量和扬程，造成了大量的能量损失。随着先进技术及相关理论的发展，出现了使用变频器来直接调节驱动大功率注水泵的方式，通过改变驱动电机的转速来控制注水的流量和扬程。

在注水泵特性曲线图 6-15 中，$H(Q)$ 为扬程-流量曲线，$\eta(Q)$ 为效率-流量曲线，$H_T(Q)$ 为管阻特性曲线；将扬程特性曲线与管阻特性曲线的交汇点定义为泵的最佳工况点，即图中的 M 点；取最大效率的某一百分值做出等效率线和效率-流量曲线相交于 a、b 两点，对应的流量为 Q_a、Q_b，扬程为 H_a、H_b，若注水泵的工况点落在 $(Q_a，Q_b)$ 之内，则认为泵运行在高效区内。

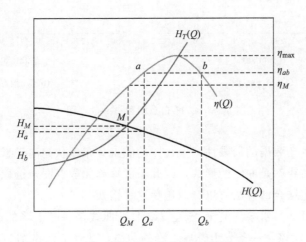

图 6-15　注水泵特性曲线图

通过图 6-15 可以看出，此泵的运行不在高效区内，若要使该泵在高效区运行，有两种措施：改变泵的扬程-流量曲线，使得 $H(Q)$ 曲线上移，与管阻特性曲线的交点落在高效区；改变管阻特性曲线，使得 $H_T(Q)$ 曲线变得平缓些，这样可以与 $H(Q)$ 曲线的交点落在高效区。

6.2.3 注水泵特性曲线修正

注水泵的理论特性曲线由厂家给出，在后期的长期运行过程中，因多种因素的影响，使得泵的某些参数发生变化，从而导致泵的实际工作曲线与理论上的特性曲线存在差异，如此一来，根据理论曲线来调节泵的实际工况，不能保证注水泵工作在高效区，无法将泵的能量完全发挥，造成能量的浪费，故需要对泵的特性曲线进行修正。

基于离心泵生产大数据使用最小二乘法来拟合泵的特性曲线，须依据实验数据的散点图和理论结合的方法选择恰当的拟合函数。首先利用 Python 程序做出离心泵的流量-扬程（Q-H）和流量-效率（Q-η）实测数据的散点图，如图 6-16 所示。

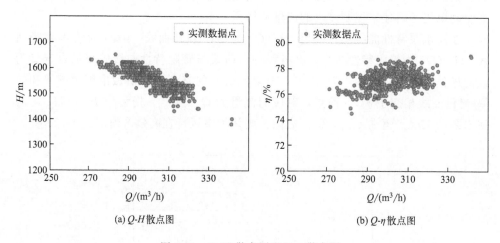

(a) Q-H 散点图　　　　　　　(b) Q-η 散点图

图 6-16　Q-H 散点图和 Q-η 散点图

由于泵的生产数据的局限性，上述图的散点分布形状趋向于直线，但是实际的离心泵特性曲线都是曲线的形式，因此不能够单凭散点图来选取拟合函数，采用散点图和理论结合的方法可以有效避免这种错误。

根据经验可知，水泵的流量-扬程（Q-H）曲线是一条下降的曲线；流量-效率（Q-η）曲线应该是一条先上升后下降的曲线，此处的散点图为在某一流量段下测得的数据，故没有显示出全部的曲线趋势。在拟合曲线时，先利用已知的局部实测数据求出拟合函数的系数，再通过数据扩展的方式得到整个拟合曲线。拟合曲线一般可用多项式函数表示，设多项式拟合方程为：

$$H = a_0 + a_1 Q + a_2 Q^2 \tag{6-36}$$

$$\eta = b_0 + b_1 Q + b_2 Q^2 \tag{6-37}$$

值得注意的是，在使用上述方程拟合曲线的过程中，如果 Q 在某一较大的范围内且值较为均匀时，使用上述拟合方程式(6-36)拟合曲线是可行的；若 Q 仅在某一小范围内并且值比较密集时，采用式(6-36)拟合曲线多数情况下会出现 Q-H 曲线先上升再下降，呈现驼峰形状，显然这是不符合实际水泵特性曲线的，因此需要重新设定拟合方程。而对于流量-效率（Q-η）曲线没有影响。故将流量-扬程（Q-H）曲线方程设为：

$$H = a_0 + a_1 Q^2 \tag{6-38}$$

此方程为非线性拟合函数，拟合时使用非线性最小二乘法，可以避免出现驼峰现象，求解式(6-38)时可令 $Q^2 = T$ 将非线性函数转化为线性函数。式(6-36)和式(6-38)的拟合效果对比图如图 6-17 所示。

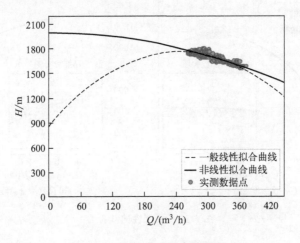

图 6-17　两种方式拟合效果图

可以看出，使用线性最小二乘法拟合曲线时出现峰值，不符合离心泵的实际规律，非线性最小二乘法拟合曲线为一条平滑下降的曲线，故更符合离心泵的实际情况。

以某油田注水系统的离心泵为拟合对象，拟合所需的数据来自该厂离心泵的生产数据，以其中几台泵为例对正常拟合曲线与非正常拟合曲线进行相应分析，经初步处理的生产数据如表 6-2 所示。

表 6-2   X 注水站 2 号泵（DF250-150×11）现场生产数据表

序号	流量/(m³/h)	压力/MPa	效率/%
1	270.9	16.3	76.4
2	275.2	16.3	75.0
3	275.5	16.1	76.3
4	276.0	16.0	76.2
5	277.1	15.9	76.1
6	277.5	15.9	76.2
7	277.9	16.0	75.9
……			
339	332.0	14.7	75.9

根据拟合函数绘制的泵特性曲线图如图 6-18 所示。

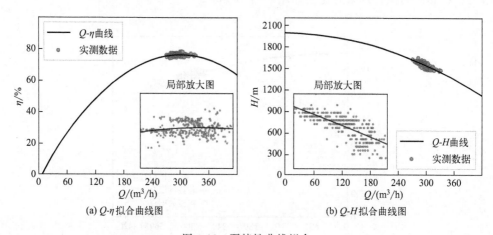

(a) Q-η 拟合曲线图　　　　　(b) Q-H 拟合曲线图

图 6-18   泵特性曲线拟合

流量与效率的关系 Q-η 曲线拟合方程为：

$$\eta = -0.0009Q^2 + 0.5352Q - 3.3839$$

流量与扬程的关系 Q-H 曲线拟合方程为：

$$H = -0.0049Q^2 + 1985.5270$$

使用大数据拟合的曲线整体趋势符合离心泵的实际曲线，能否反映此泵的真实情况需要进行验证，测取几组大范围之内的数据作为验证数据，通过对比分析出使用大数据拟合曲线是否准确，验证数据如表 6-3 所示。

表 6-3　X 注水站 2 号泵（DF250-150×11）验证数据表

序号	流量/(m³/h)	压力/MPa	效率/%
1	52.1	19.2	31.3
2	96.0	19.0	43.0
3	151.2	18.1	57.5
4	189.1	17.3	67.4
5	266.0	16.6	75.0
6	310.8	15.0	78.1
7	339.3	14.5	75
8	382.1	13.0	70.2

根据拟合函数绘制的原特性曲线和验证曲线图如图 6-19 所示。

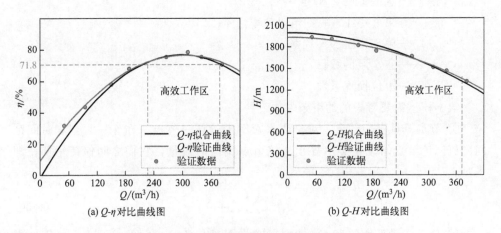

(a) Q-η 对比曲线图　　　　　　(b) Q-H 对比曲线图

图 6-19　原特性曲线和验证曲线对比

通过曲线对比发现，在高效工作区吻合度很高，因此，可以使用生产大数据对运行中的注水泵进行参数修正，进而拟合出新的泵特性曲线，为泵站的调节与控制提供了理论依据，相比于重新换泵节省了成本费用。

6.2.4　注水泵运行参数优化

注水站是整个注水系统中能量的输入装置，一般的大型油田注水系统中，注水站中含有多台注水泵，彼此间通过联合实现水流量的输送。从能耗分析模型图中可以看出，注水泵能耗占据总能耗的很大一部分，因此，通过优化使得注水泵的能耗达到最大程度降低对于整个油田注水生产有重要意义，优化时系统的开泵方案是已经确定的，在保证系统正常配注要求的前提下，对处于生产运行状态的各个注水泵运行参数进行优化，可以实现节能降耗的目的。

6.2.4.1 数学模型的建立

对注水站实施优化，就是通过一定措施使得注水站中的注水泵实现流量的最优分配，调整各个注水泵以最低单耗运行，因此，在现有开泵条件下，以注水泵排量为优化变量，注水单耗最小为目标函数，建立注水泵运行参数优化数学模型：

$$\min f(Q_i) = \alpha \frac{\displaystyle\sum_{i=1}^{m} \frac{\gamma H_i Q_i}{\eta_{ei} \eta_{pi}}}{\displaystyle\sum_{i=1}^{m} Q_i} \tag{6-39}$$

式中　Q_i——第 i 台注水泵排量，m^3/h；

　　　H_i——第 i 台注水泵扬程，m；

　　　γ——水的重度，N/m^3；

　　　η_{ei}——第 i 台注水泵的电机效率，%；

　　　η_{pi}——第 i 台注水泵效率，%；

　　　m——注水泵的数目；

　　　α——单位换算系数。

数学模型需要考虑的约束条件如下：

① 节点流量平衡约束：对于注水管网中的任一节点，在任一时刻和时间区间内流向该节点的流量必然等于从该节点流出的流量，它们之间保持平衡，即满足：

$$Q_i + \sum_{j=1}^{n} q_i^j = 0 \tag{6-40}$$

② 总供水量平衡约束：注水泵的总供水量与各注水井的总注入量之间应保持平衡，即满足：

$$\sum_{i=1}^{m} Q_i = \sum_{j=1}^{n} q_j \tag{6-41}$$

式中　q_j——第 j 口注水井的配注流量，m^3/h；

　　　n——注水井的数目。

③ 注水压力约束：为了保证来水能够顺利注入地层，注水井的来水压力应该不低于注水井所要求的最低压力，即满足：

$$p_i \geqslant p_i^{\min} \tag{6-42}$$

式中　$p_i^{\min}$——第 i 口注水井最低注水压力要求，MPa。

④ 供水量约束：为了保证系统能够正常运行，各注水站排量应该在其供水

能力范围内，即满足：

$$Q_{zi}^{\min} \leqslant Q_{zi} \leqslant Q_{zi}^{\max} \tag{6-43}$$

式中　$Q_{zi}^{\min}$——第 i 座注水站供水量约束的下限，$\mathrm{m^3/h}$；

　　　$Q_{zi}^{\max}$——第 i 座注水站供水量约束的上限，$\mathrm{m^3/h}$。

⑤ 注水泵排量约束：对于已经开启的注水泵，其排量必须满足最小和最大排量限制，即：

$$Q_{\min} \leqslant Q_i \leqslant Q_{\max} \tag{6-44}$$

式中　$Q_{\min}$——注水泵在高效区运行的最小流量，$\mathrm{m^3/h}$；

　　　$Q_{\max}$——注水泵在高效区运行的最大流量，$\mathrm{m^3/h}$。

由于整个系统中的注水井数没有改变，因而总的配注流量不发生变化，仅改变压力，如此一来，降压后的注水系统依旧能满足除欠注井外注水井的配注要求，即各注水站的水量约束不变，压力约束不变，开泵方式不变，于是，只需要对注水站中注水泵进行流量的重新分配即可实现注水系统的运行优化。

6.2.4.2　模型求解

此数学模型为含有线性约束的非线性优化问题，一般的求解方法比较困难，因此使用目前较为流行的遗传算法对数学模型进行求解。该算法是一种类似生物学进化理论的优化算法，具有较强的鲁棒性和适应性，用于解决搜索和优化问题。其思想是通过模拟生物进化过程中的遗传和自然选择过程，对候选解进行进化和优化。遗传算法的实现包括初始化种群、选择、交叉、变异和评估。在求解优化问题的过程中，把存在最优解的搜索空间看作遗传空间，每个优化问题的解视为一个染色体，众多的染色体形成初始种群。

遗传算法的优点包括：

① 全局搜索能力强：遗传算法能够在搜索空间中广泛地寻找解，有很高的概率找到全局最优解。

② 不受约束条件限制：遗传算法对优化问题的限制较少，适用于多种类型的问题，如连续型、整数型和组合型等。

③ 可并行化：遗传算法的并行化程度较高，可以有效地利用多处理器和分布式计算资源，很大程度上提高了计算速度。

④ 鲁棒性强：遗传算法对问题中的噪声和不确定性有一定的容忍度，能够在不确定的环境中稳定运行。

遗传算法的具体步骤如下：

① 编码：将一个实际问题的所有解空间的可行解转换成遗传算法所能处理的搜索空间的基因型串结构数据的过程。常用的编码方式有二进制编码、实数编码等。

② 初始化种群：将候选解随机生成为一组初始个体，称为种群。

③ 适应度函数的确定：在一般优化问题中衡量优化的指标称为目标函数，在遗传算法中其被称为适应度函数，根据实际标准计算个体的适应度以判断个体的优劣性。

④ 选择：通过适应度对当前种群中的个体进行选择，选择适应度较高的个体进入下一次迭代过程，体现了适者生存的原则。

⑤ 交叉：随机选择一对父代，通过交叉方式产生新的子代，体现了信息交换原则。

⑥ 变异：对新生成的子代进行变异操作，以增加种群的多样性。

⑦ 替换：将新生成的子代替换掉原来的某些个体，形成新的种群。

⑧ 终止条件：遗传算法的实现方式是一个不断迭代的过程，判断算法是否结束的准则一般是设定最大迭代次数，即达到迭代次数算法终止。

6.3 增压注水评价

针对原注水系统能耗较大的问题提出整体降压、局部增压注水方式来降低能耗，通过判断设计的增压方案是否合理及合理改造后的注水系统是否能达到经济运行标准需做出评价分析。以系统降压后节省的费用与降压后系统局部增压投入费用的差值和投入回收年限作为系统增压设计合理性的判断依据，以注水系统各环节的运行效率为经济运行评判标准。

6.3.1 合理性分析

本书涉及的增压方式为混合式增压，对于单井增压，因增压泵安装在注水井井口，不需要考虑新增管线，对于局部增压而言，因增压站与高压井之间有管线连接且较多，故需要考虑管线因素。如此一来，整个增压区的总投入应包括增压泵站的投入及维修费、管线投入及维修费用和增压注水时增压泵的动力费用。因此，若增压注水方案合理，则管网降压后所节省的费用应大于增压区的总投入或成本回收年限较短。

注水系统改造的总投入为：

$$f = f_1 + f_2 \tag{6-45}$$

式中　f_1——增压泵与管线的投入和安装费用；

　　　f_2——其他额外费用。

泵效率为泵输出功率与轴功率之比的百分数：

$$\eta_p = \frac{P_u}{P_a} \times 100\% \tag{6-46}$$

为计算方便，下列各式中的流量表示系统内各部分的总流量，压力表示平均压力，电机和泵效率均为平均效率，因此功率为总功率。

注水泵输出功率：

$$P_u = \frac{(p_O - p_I)Q}{3.6} \tag{6-47}$$

注水泵轴功率（泵与电机直接相连时）：

$$P_p = P_e \eta_e \tag{6-48}$$

故电机输入功率可以表示为：

$$P_e = \frac{P_u}{\eta_e \eta_p} \tag{6-49}$$

原注水系统电机输入功率：

$$W = \frac{(p_O - p_I)Q}{3.6 \eta_e \eta_p} \tag{6-50}$$

降压后注水系统电机输入功率：

$$W_1 = \frac{(p_{Ol} - p_{Il})Q_L}{3.6 \eta_e \eta_p} \tag{6-51}$$

增压区注水系统电机输入功率：

$$W_2 = \frac{(p_{Oz} - p_{Iz})Q_z}{3.6 \eta_{ez} \eta_{pz}} \tag{6-52}$$

式中　p_{Ol}——降压后注水泵出口压力，MPa；

　　　p_{Il}——降压后注水泵入口压力，MPa；

　　　Q_L——降压后系统流量，m^3/h；

　　　p_{Oz}——增压注水泵出口压力，MPa；

　　　p_{Iz}——增压注水泵入口压力，MPa；

　　　Q_z——增压泵流量，m^3/h；

　　　η_{ez}——增压泵的电机效率，%；

　　　η_{pz}——增压泵效率，%。

原注水系统泵站年动力费用：

$$M = 365 \times 24 \frac{(p_O - p_I)Q}{3.6 \eta_e \eta_p} E \tag{6-53}$$

降压后注水系统泵站年动力费用：

$$M_1 = 365 \times 24 \frac{(p_{Ol} - p_{Il})Q_L}{3.6 \eta_e \eta_p} E \tag{6-54}$$

增压泵站年动力费用：

$$M_2 = 365 \times 24 \frac{(p_{Oz} - p_{Iz})Q_z}{3.6 \eta_{ez} \eta_{pz}} E \tag{6-55}$$

注水管道一次性投入费用：

$$M_3 = c(d)L \tag{6-56}$$

注水管道年维修费用：

$$M_4 = Pc(d)L \tag{6-57}$$

增压泵站一次性投入费用：M_5

增压泵站年维修费用：

$$M_6 = P_S M_5 \tag{6-58}$$

整理以上各式，则有：

系统改造后增压区总一次性投入为：

$$M' = c(d)L + M_5 \tag{6-59}$$

系统改造后增压区年总维修费用为：

$$M'' = Pc(d)L + P_S M_5 \tag{6-60}$$

系统改造后年节省费用（不包括总一次性投入）：

$$\Delta M = M - M_1 - M_2 - M''$$

即

$$\Delta M = 365 \times 24 \left[\frac{(p_O - p_{Ol})Q}{3.6\eta_e\eta_p} - \frac{(p_{Oz} - p_{Iz})Q_z}{3.6\eta_{ez}\eta_{pz}} \right] E - P(a + bd^a)L - P_S M_5 \tag{6-61}$$

实施整体降压、局部增压措施后，若方案合理，则有：

$$\Delta M > 0$$

故有

$$\Delta p > \frac{\eta_e\eta_p(p_{Oz} - p_{Iz})Q_z}{\eta_{ez}\eta_{pz}Q} + \frac{3.6\eta_e\eta_p P_s F_3}{365 \times 24 EQ} + \frac{3.6\eta_e\eta_p P(a + bd^a)L}{365 \times 24 EQ}$$

令 $A = \dfrac{\eta_e\eta_p}{Q\eta_{ez}\eta_{pz}}$；$B = \dfrac{3.6\eta_e\eta_p P_s}{365 \times 24 QE}$；$C = \dfrac{3.6\eta_e\eta_p P(a + bd^a)}{365 \times 24 EQ}$

则

$$\Delta p > A(p_{Oz} - p_{Iz})Q_z + BF_3 + CL \tag{6-62}$$

由此可见，注水系统泵站压力下降值与增压压力、需增压井的流量、管线长度和增压站投入有关。若对原注水系统降低某一较大压降值，对应的增压区的泵站需提供的压力就会相应升高，需要增压的井数会增加，即所需流量增加，因此增压站投入费用将会增加，增压站到井之间的连接管线也会增加；使得降压值与增压区需提升压力、流量所占总注水量的比重以及连接管线的长度达到某种合理且较优的程度具有重要意义，并以此来评价系统的改造是否合理。

成本回收年限为：

$$Y = \frac{M'}{\Delta M} \tag{6-63}$$

若成本回收年限较短，则说明改造效果较好，若成本回收年限小于1，则说明改造后系统的净节省费用大于系统改造所投入的费用，应是系统改造的最佳效果。

6.3.2　经济运行分析

注水系统增压改造应在合理的前提下使得改造前后注水系统符合油田注水系统经济运行规范的标准。注水系统经济运行指标要求及评判标准如表 6-4 和表 6-5 所示。

表 6-4　注水泵机组运行效率判别与评价指标

注水泵类型	流量/(m³/h)	注水泵机组运行效率/%	
		合格	优良
离心泵	$Q < 100$	≥58	≥69
	$100 \leqslant Q < 250$	≥64	≥75
	$250 \leqslant Q < 300$	≥72	≥77
	$Q \geqslant 300$	≥74	≥79
往复泵	$Q < 50$	≥76	≥85
	$Q \geqslant 50$	≥78	≥86

表 6-5　注水系统各部分效率要求

项目	离心泵注水系统	往复泵注水系统
电机效率/%	≥95.5	≥92.5
注水泵效率/%	≥75.5	≥85.0
管网效率/%	≥70.0	≥76.0
系统效率/%	≥50.0	≥58.0

通常情况下，选用效率较高的泵进行注水生产，故所选各泵的电机效率与注水泵效率差别不大，可以认为，各泵在此方面是相等的，如此一来，影响注水系统效率的因素就是管网运行效率，想要提高注水系统的效率就是要提高管网运行效率（降低管网中的能量损耗）。

若效率差大于 0，即管网改造后注水系统效率提高，并且需要保证系统各环节符合经济性运行评判标准，只有如此才能证明增压注水设计的合理性。

6.4 实例应用

某一大型油田注水管网，如图 6-20 所示，该注水管网共有 7 个注水站，在运 6 座，有注水井 2190 口，其中井压力大于 0 的有 1134 口，地质配注压力 13 以下的有 932 口，13～14.5MPa 的 202 口，采用最高注入压力 14.5MPa 为管网最低压力，管网日注水量为 $4.76 \times 10^4 \mathrm{m}^3/\mathrm{d}$，平均泵压 16.41MPa，平均管压为 15.98MPa，平均井口油压为 10.84MPa，平均井口节流损失为 5.14MPa，注水单耗为 $6.48 \mathrm{kW} \cdot \mathrm{h}/\mathrm{m}^3$，管网效率为 67.8%。由此可见，该注水系统为了满足部分高压井注水压力，将整个注水管网压力提高，导致在阀组上尤其是井口节流阀组的能耗损失过大。

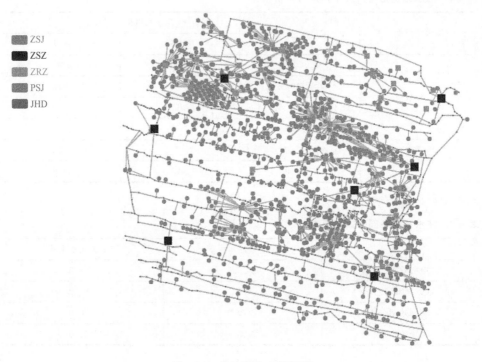

图 6-20　某油田注水管网图

6.4.1 欠注井增压设计

6.4.1.1 欠注井的确定

为了降低注水能耗损失，以管线损失压力差值 1.5MPa 为界限对注水管网系统实施整体降压处理，从单井生产数据库中数据信息可知，管线压力损失值在1.5MPa 以内的注水井有 58 口，其中最小井压力为 13.5MPa，最大井压力为14.5MPa，因此可将管网压力整体降低 1.0MPa。如此一来对于整个系统而言就有 58 口井处于欠注状态，欠注井相关信息如表 6-6 所示。

表 6-6　欠注井数据表

欠注井名	坐标(x)	坐标(y)	井压/MPa	流量/(m^3/d)
ZSJ1	4895	40893	14.1	27
ZSJ2	5392	40660	14	27
ZSJ3	6060	42493	14.2	32
ZSJ4	6213	41669	13.8	11
ZSJ5	5694	41734	13.7	51
ZSJ6	6170	42033	13.8	46
ZSJ7	4203	42880	13.9	61
ZSJ8	4175	42884	14	35
ZSJ9	4196	43291	14	40
ZSJ10	4507	41010	13.6	64
ZSJ11	4650	41348	13.8	83
ZSJ12	4623	41353	13.6	58
ZSJ13	4808	41801	13.9	60
ZSJ14	5282	43339	13.6	66
ZSJ15	4667	42242	14.1	88
ZSJ16	4693	42233	14.4	50
ZSJ17	5527	43271	13.7	29
ZSJ18	5358	41734	13.7	51
ZSJ19	5130	41709	13.6	87
ZSJ20	5127	42104	13.7	31
ZSJ21	5411	42451	13.6	32
ZSJ22	8748	38695	13.9	48
ZSJ23	8851	38398	14	29
ZSJ24	7936	37856	13.9	41
ZSJ25	8534	37447	14.1	41
ZSJ26	8277	37213	13.9	32
ZSJ27	8743	36962	13.8	80

欠注井名	坐标(x)	坐标(y)	井压/MPa	流量/(m³/d)
ZSJ28	8551	36947	13.9	85
ZSJ29	8891	36297	14.3	106
ZSJ30	8964	35944	14.4	84
ZSJ31	8957	38087	13.6	47
ZSJ32	7524	36239	13.9	13
ZSJ33	7838	35257	13.6	30
ZSJ34	7915	38209	13.7	23
ZSJ35	10310	43815	13.7	50
ZSJ36	10740	42560	13.9	13
ZSJ37	5389	45748	13.7	12
ZSJ38	6321	45779	13.9	26
ZSJ39	7061	39078	13.6	15
ZSJ40	7281	39849	13.8	23
ZSJ41	7554	39975	13.7	32
ZSJ42	7426	41305	14.1	54
ZSJ43	6804	41076	14.1	60
ZSJ44	6517	40895	13.6	40
ZSJ45	7744	40975	13.6	50
ZSJ46	6597	41134	13.6	43
ZSJ47	6535	41078	13.7	27
ZSJ48	7620	41117	13.9	48
ZSJ49	7784	41221	14.1	33
ZSJ50	8100	41009	13.8	33
ZSJ51	7402	44667	14.4	15
ZSJ52	6941	44673	14.3	17
ZSJ53	7242	44562	14.3	38
ZSJ54	8379	43263	13.9	18
ZSJ55	7399	43251	13.9	12
ZSJ56	7394	43088	14	3
ZSJ57	8007	43976	14.5	2
ZSJ58	7717	43326	14.2	9

注水系统中欠注井分布如图 6-21 所示。

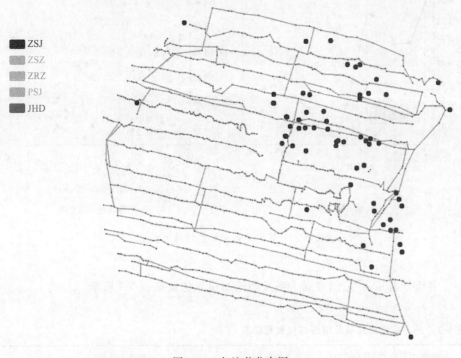

图 6-21　欠注井分布图

6.4.1.2　增压注水形式

从图 6-20 和图 6-21 可以看出，欠注井与正常配注的井成耦合分布且部分欠注井分布过于零散，因此，增压注水的形式选择以局部增压为主、单井增压为辅的混合增压形式。

6.4.1.3　增压管网布局

从图 6-21 可以看出，有部分的欠注井过于离散，为使得优化算法更加精确，应将此类井先过滤掉，另做处理（每个过于离散的欠注井实施单独增压注水，在增压布局管网图中给出）。利用 Python 软件根据轮廓系数法确定增压站的个数，依据轮廓系数使用原则，轮廓系数越接近 1，表明聚类效果越好，如图 6-22(a)所示，横坐标为聚类中心个数，纵坐标为轮廓系数，当轮廓系数最大时，对应的聚类中心个数 k 为 6，故在此欠注井区应建 6 座增压站。欠注井位置坐标为已知值，以增压站位置坐标为变量，以站、井隶属关系和增压站位置可行域为约束，使用聚类算法进行目标函数数学模型求解，得出加权最短铺设管线时的增压站位置信息和井、站隶属关系，根据此信息进行增压管网布局。聚类结果如图 6-22(b) 所示。

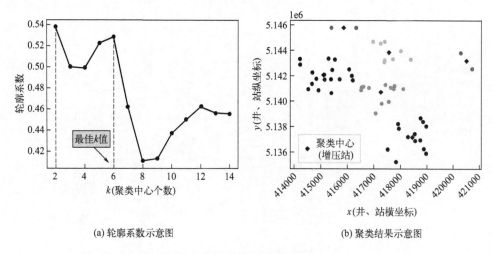

(a) 轮廓系数示意图　　　　　　(b) 聚类结果示意图

图 6-22　轮廓系数和聚类结果示意图

井组划分后井-站间隶属关系及增压站位置信息如表 6-7 所示。

表 6-7　井、站隶属关系及增压站位置数据表

名称	位置坐标(x)	位置坐标(y)	所辖欠注井
增压站 1	5036	42020	ZSJ1,ZSJ2,ZSJ3, ZSJ4,ZSJ5,ZSJ6, ZSJ7,ZSJ8,ZSJ9, ZSJ10,ZSJ11,ZSJ12, ZSJ13,ZSJ14,ZSJ15, ZSJ19,ZSJ20,ZSJ21
增压站 2	8518	37098	ZSJ22, ZSJ23, ZSJ24, ZSJ25, ZSJ26, ZSJ27, ZSJ28, ZSJ29,ZSJ30,ZSJ31,ZSJ32,ZSJ33, ZSJ34
增压站 3	10488	43292	ZSJ35,ZSJ36
增压站 4	5855	45763	ZSJ37,ZSJ38
增压站 5	7269	40772	ZSJ39, ZSJ40, ZSJ41, ZSJ42, ZSJ43, ZSJ44, ZSJ45, ZSJ46,ZSJ47,ZSJ48,ZSJ49,ZSJ50
增压站 6	7560	43850	ZSJ51, ZSJ52, ZSJ53, ZSJ54, ZSJ55, ZSJ56, ZSJ57,ZSJ58

6.4.1.4 管径优化

某油田管线造价与管径间的关系如表 6-8 所示，使用最小二乘法可拟合得出造价与管径间的关系曲线。

表 6-8 某油田管线造价数据表

序号	管径/mm	壁厚/mm	造价/(万元/km)
1	273	20	96.7
2	219	16	63.7
3	168	13	41.2
4	114	9	22.8
5	89	7	15.8
6	76	6	12.9
7	60	5	9.8

拟合曲线图如图 6-23 所示。

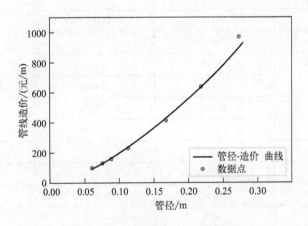

图 6-23 管线造价与管径曲线图

管线造价与管径的关系 $c(d)$-d 曲线拟合方程为：

$$c(d) = 6405.422d^{1.521}$$

取 $P = 6$；$T = 15$；$\eta = 75\%$；$E = 0.7$，$C_w = 130$ 代入式(6-34) 中可得：

$$d = 1.812q^{0.466}$$

经济管径的选取数据表如表 6-9 所示。

表 6-9 优化后的管径数据表

起点	终点	计算管径/m	标准管径/mm
增压站 1	ZSJ1	0.0492	50
增压站 1	ZSJ2	0.0492	50
增压站 1	ZSJ3	0.0531	60
增压站 1	ZSJ4	0.0330	40
增压站 1	ZSJ5	0.0653	60
增压站 1	ZSJ6	0.0624	60
增压站 1	ZSJ7	0.0708	76
增压站 1	ZSJ8	0.0552	60
增压站 1	ZSJ9	0.0586	60
增压站 1	ZSJ10	0.0723	76
增压站 1	ZSJ11	0.0812	89
增压站 1	ZSJ12	0.0692	76
增压站 1	ZSJ13	0.0702	76
增压站 1	ZSJ14	0.0733	76
增压站 1	ZSJ15	0.0833	89
增压站 1	ZSJ16	0.0648	60
增压站 1	ZSJ17	0.0508	60
增压站 1	ZSJ18	0.0653	76
增压站 1	ZSJ19	0.0829	89
增压站 1	ZSJ20	0.0523	60
增压站 1	ZSJ21	0.0531	60
增压站 2	ZSJ22	0.0636	60
增压站 2	ZSJ23	0.0508	60
增压站 2	ZSJ24	0.0593	60
增压站 2	ZSJ25	0.0593	60
增压站 2	ZSJ26	0.0531	60
增压站 2	ZSJ27	0.0799	76
增压站 2	ZSJ28	0.0821	89
增压站 2	ZSJ29	0.0905	89
增压站 2	ZSJ30	0.0816	89
增压站 2	ZSJ31	0.0630	60
增压站 2	ZSJ32	0.0355	40

起点	终点	计算管径/m	标准管径/mm
增压站 2	ZSJ33	0.0516	50
增压站 2	ZSJ34	0.0458	50
增压站 3	ZSJ35	0.0648	60
增压站 3	ZSJ36	0.0355	40
增压站 4	ZSJ37	0.0343	40
增压站 4	ZSJ38	0.0484	50
增压站 5	ZSJ39	0.0379	40
增压站 5	ZSJ40	0.0458	50
增压站 5	ZSJ41	0.0531	60
增压站 5	ZSJ42	0.0670	76
增压站 5	ZSJ43	0.0702	76
增压站 5	ZSJ44	0.0586	60
增压站 5	ZSJ45	0.0648	60
增压站 5	ZSJ46	0.0606	60
增压站 5	ZSJ47	0.0492	50
增压站 5	ZSJ48	0.0636	60
增压站 5	ZSJ49	0.0538	60
增压站 5	ZSJ50	0.0538	60
增压站 6	ZSJ51	0.0379	40
增压站 6	ZSJ52	0.0400	40
增压站 6	ZSJ53	0.0573	60
增压站 6	ZSJ54	0.0411	40
增压站 6	ZSJ55	0.0343	40
增压站 6	ZSJ56	0.0185	40
增压站 6	ZSJ57	0.0154	40
增压站 6	ZSJ58	0.0301	40
增压站 1	新设节点 1	0.2495	219
增压站 2	新设节点 2	0.2045	219
增压站 3	新设节点 3	0.0717	76
增压站 4	新设节点 4	0.0573	60
增压站 5	新设节点 5	0.1739	168
增压站 6	新设节点 6	0.0935	89

6.4.1.5 增压站压力、流量的设定

各增压站所辖注水井的压力和流量已知,站、井间的连接管线长度和管径已知,通过反向计算可得出增压站压力、流量,如表 6-10 所示。

表 6-10 增压站信息表

增压站名称	辖区井数/口	辖区井压/MPa	站流量/(m³/d)	站压力/MPa
增压站 1	21	13.6~14.4	≥1029	>14.4
增压站 2	13	13.6~14.4	≥659	>14.4
增压站 3	2	13.7~13.9	≥63	>13.9
增压站 4	2	13.7~13.9	≥38	>13.9
增压站 5	12	13.6~14.1	≥458	>14.1
增压站 6	8	13.9~14.5	≥114	>14.5

6.4.1.6 经济增压扬程的确定

以增压站 5 为例,增压站 5 周围有两条注水干线,如图 6-24 所示。

取 $P=6$, $T=15$, $\eta=75\%$, $E=0.7$, $C_w=130$, $q=458$, $d=0.168$ 代入式 (6-35)中可得:

$$\min F_I = 52.51 L_{zj} + 1529.09 h_{zj}$$

因此,可通过增压站接入某一位置后的连接管线长度及增压泵获得的最小增压扬程进而判断出最佳的接入点。

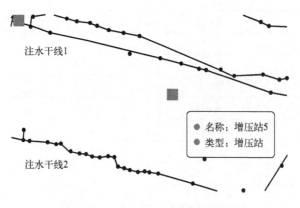

图 6-24 增压与注水干线位置图

经计算得出增压站与注水干线 1 和注水干线 2 间的垂直距离分别为 562.72m、1346.20m,当连接管线时接入点压力分别为 1362m、1377m,此时管线中的压力损失分别为 0.261m、0.631m,增压站的所需增压扬程分别为 48m、33m。

若连接到干线 1，则

$$F_I = 103131.73$$

若连接到干线 2，则

$$F_I = 121676.82$$

显而易见，增压站 5 应接入注水干线 1，其他增压站的连接方式与此相同，进而求得经济增压扬程。

最终增压注水管网图如图 6-25 所示。

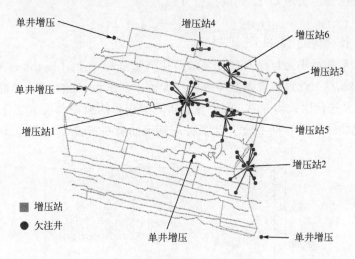

图 6-25　增压注水管网布局图

6.4.2　注水系统运行优化

该油田注水系统中在运注水站 6 座，以其中一座为例进行优化说明。X 注水站内有 3 台大排量高压离心式注水泵，电机额定效率 96.4%，注水站排量为 872m³/h。

使用生产大数据修正泵特性曲线，可得：

（1）泵规格 DF250-150×11

流量与效率的关系 Q-η 曲线拟合方程为：

$$\eta = -0.0009Q^2 + 0.5352Q - 3.3839$$

流量与扬程的关系 Q-H 曲线拟合方程为：

$$H = -0.0049Q^2 + 1985.5270$$

高效工作区为 Q 属于（200，270）

（2）泵规格 DF300-150×10

流量与效率的关系 Q-η 曲线拟合方程为：

$$\eta = -0.0006Q^2 + 0.4415Q - 0.8475$$

流量与扬程的关系 Q-H 曲线拟合方程为：

$$H = -0.0038Q^2 + 1884.6642$$

高效工作区为 Q 属于（320，400）

（3）泵规格 DF250-150×10

流量与效率的关系 Q-η 曲线拟合方程为：

$$\eta = -0.0009Q^2 + 0.5225Q + 0.4062$$

流量与扬程的关系 Q-H 曲线拟合方程为：

$$H = -0.0043Q^2 + 1724.1470$$

高效工作区为 Q 属于（220，290）

以注水单耗最小为目标实现各泵的最优流量分配，使用 Python 中的遗传算法软件包 sko.GA 设置相应参数即可进行求解，个体 Q 维数为 3，种群数目设置为 200，最大迭代次数为 800，以高效工作区间作为约束条件设置上下限。适应度函数进化曲线如图 6-26 所示，流量分配结果如表 6-11 所示。

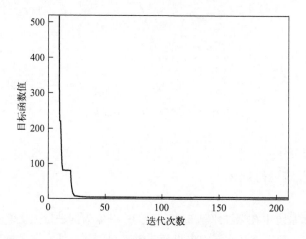

图 6-26　适应度函数进化曲线图

表 6-11　注水泵流量分配结果表

注水泵规格	配注流量/(m³/h)	X 注水站单耗/(kW·h/m³)
1# DF250-150×11	216.21	
2# DF300-150×10	375.13	5.71
3# DF250-150×10	280.65	

6.4.3　增压注水评价

（1）增压注水节能降耗分析

原注水管网实施整体降压、局部增压后，整体管网压力降低 1.0MPa，管网效率为 76.8%，与原管网相比提升了 9.1%，注水单耗为 5.79kW·h/m³，与原管网相比下降 0.69kW·h/m³，按照工业用电费用 0.7 元/kW·h，年节省费用 778 万元。

（2）增压设计投入分析

增压设计所需注水管线汇总如表 6-12 所示。

表 6-12　管线汇总表

管径/mm	40	50	60	76	89	168	219
管长/m	10772.9	7956.7	20023.1	6584.8	3809.4	562.72	44.28

管线数据依据表 6-6 计算，则管线总投入为 481 万元。

管线安装费用如表 6-13 所示。

表 6-13　管线安装费用表

序号	管径/mm	壁厚/mm	安装费/(万元/km)
1	273	20	40.3
2	219	16	36.7
3	168	13	33.7
4	114	9	27.8
5	89	7	25.5
6	76	6	25.2
7	60	5	23.8

管线总安装费用为 1150 万元。

增压泵数据依据表 6-14，则增压站 1 需要 9 台泵、增压站 2 需要 6 台泵、增压站 3 需要 1 台泵、增压站 4 需要 1 台泵、增压站 5 需要 4 台泵、增压站 6 需要 1 台泵；4 口井采用单井增压，合计 26 台泵，则增压泵总投入为 36 万元。增压泵安装费用参考高压大排量多级离心泵的安装费用，以安装费占设备费用的三分之一计算，则增压泵总安装费为 12 万元。

表 6-14　往复式柱塞泵数据表

型号	额定流量/(m³/h)	额定扬程/m	额定功率/kW	单价/元
32HP40	5	500	7.5	14000

增压站建设费用参照表 6-15。

表 6-15　增压站土建数据表

土建项目名称	规格/mm	单价/万元	数量
活动设备板房	4000×5000×3000	10	10
泵基础	2100×935	0.45	26
新建增压间地面	4000×5000	0.3	10

增压站土建总投入为 110 万元。

增压设计中的总投入费用为 1567 万元。

取 $P=6$，$P_s=6$，则增压区年维修费用为 30 万元，实施增压后系统的年运行节省费用为 748 万元，成本回收年限为 $Y=2.1$ 年。

管网效率、泵机组效率及系统效率均大于注水系统经济运行最低标准。

参考文献

[1] 中国石油天然气总公司. 石油地面工程设计手册：第二分册 油田地面工程设计 [M]. 东营：石油大学出版社，1995.

[2] 吴九辅. 泵控泵（PCP）自动化注水泵站系统 [M]. 北京：石油工业出版社，2007.

[3] 张瑞杰. 注水系统生产状态智能分析与运行优化技术研究 [D]. 大庆：东北石油大学，2011.

[4] 顾春雷，于奕峰，袁中凯. 管路特性曲线测定实验装置的设计与测试 [J]. 实验技术与管理，2007，24（3）：67，68.

[5] 王寒栋，李敏. 泵与风机 [M]. 北京：机械工业出版社，2009.

[6] 韩宁，王平，安广霞，等. 地面离心泵式注水系统工况诊断分析 [J]. 石油钻采工艺，2006，28（10）：59-61.

[7] 张明. 离心泵的调节方式及其能耗分析 [J]. 煤炭技术，2005，24（11）：18-20.

[8] 张志军. 高压注水泵的经济运行 [J]. 水泵技术，2005，（3）：44，45.

[9] 王红丽，王奎升. 浅谈国内注水系统的节能问题 [J]. 石油矿场机械，2002，31（5）：7-10.

[10] 梁光川，郑云萍，等. 油田地面注水系统效率分析 [J]. 西南石油学院学报，2001，23（2）：62-65.

[11] 胡小英，刘卫国，曹新寨，等. 基于PCP（泵控泵）技术的压力和流量可调高效自动化注水泵站系统 [J]. 水泵技术，2007，（6）：24-27.

[12] 胡小英，曹新寨，郭荣礼. 泵控泵压流可调高效自动化注水泵站系统 [J]. 西安工业大学学报，2008，28（2）：133-136.

[13] 谢威，彭志炜. 一种基于牛顿-拉夫逊的潮流计算方法 [J]. 许昌学院学报，2006，25（2）：21-23.

[14] 吕谋，高金良，赵洪宾. 大规模供水系统工况的建模方法研究 [J]. 哈尔滨建筑大学学报，2001，34（2）：61-64.

[15] 何文杰，王季震，赵洪宾，等. 天津市城市用水量模拟方法的研究 [J]. 给水排水，2001，27（10）：43，44.

[16] 赵洪宾. 给水管网系统理论与分析 [M]. 北京：中国建筑工业出版社，2003.

[17] 常玉连，高胜，郭俊忠. 注水管网系统模型简化技术与计算方法研究 [J]. 石油学报，2005，22（2）：96-100.

[18] 高胜，郭俊忠，常玉连. 油田注水管网系统的数学模型及其计算方法研究 [J]. 钻采工艺，2001，24（5）：54-56.

[19] 任永良，张东辉，贾光政，等. 基于约束变尺度法的油田注水系统运行成本优化 [J]. 科学技术与工程，2009，9（9）：2312-2316.

[20] 石航. 注水系统生产运行参数优化研究 [J]. 内蒙古石油化工，2008，28（19）：72，73.

[21] 梁惠冰，李梅，谭香强. 供水系统优化调度问题的模拟退火算法探讨 [J]. 给水排水，1999，25（8）：30-33.

[22] 廖莉，张承慧，林家恒，等. 基于胞腔排除双种群遗传算法的泵站优化调度 [J]. 控制理论与应用，2004，21（1）：63-69.

[23] 杨鹏，纪晓华，史旺旺. 考虑变频调速时泵站优化调度的改进遗传算法 [J]. 扬州大学学报，2002，5（1）：67-70.

[24] 宁耀斌，明正峰，钟彦儒. 变频调速恒压供水系统的原理与实现 [J]. 西安理工大学学报，2001，

17 (3)：305-309.

[25] 侯岱云，孙韶光．基于遗传算法的供水泵站优化调度 [J]．山东大学学报（工学版），2003，33 (1)：25-28.

[26] 杨鹏，纪晓华，史旺旺．基于遗传算法的泵站优化调度 [J]．扬州大学学报，2001，4 (3)：72-74.

[27] 陈虹，刘正意，史旺旺．基于模拟退火算法的供水泵站优化调度 [J]．排灌机械，2003，21 (5)：34-37.

[28] Simpson A R，Dandy G C，Murphy L J. Genetic algorithms compared to other techniques for pipe optimization [J]. Journal of Water Resources Planning and Management，1994，120 (4)：423-443.

[29] Ritzel B J，Eheart J W，Ranjithan S. Using genetic algorithms to solve a multiple objective ground water pollution containment problem [J]. Water Resources Research，1994，30 (5)：1589-1598.

[30] 李从信，刘贤梅，陈森鑫．大型注水系统的优化运行 [J]．石油学报，2001，22 (6)：69-72.

[31] 郑大琼，王念慎，杨军．多源大型供水管网的优化调度 [J]．水利学报，2003，34 (3)：1-7.

[32] 吕谋，张土乔，赵洪宾．给水系统多目标混合实用优化调度方法 [J]．中国给水排水，2000，16 (11)：10-14.

[33] 韩允祉，许建国，李明忠．大型注水系统注水站合理排量的确定方法 [J]．石油大学学报（自然科学版），2004，28 (2)：55-57.

[34] 郭俊忠，常玉连，高胜．注水系统运行方案优化研究 [J]．系统工程理论与实践，2002，22 (12)：127-130.

[35] 张瑞杰，常玉连，任永良，等．油田注水系统生产运行优化 [J]．钻采工艺，2005，28 (9)：44-46.

[36] 信昆仑，程声通，刘遂庆．给水管网最优化控制方法综述 [J]．信息与控制，2004，33 (4)：440-444.

[37] 关晓晶，魏立新，杨建军．基于混合遗传算法的油田注水系统运行方案优化模型 [J]．石油学报，2005，26 (3)：114-117.

[38] 杨建军，刘扬，魏立新，等．多源注水系统泵站优化调度的双重编码混合遗传算法．自动化学报，2006，32 (1)：154-160.

[39] 魏立新，刘扬，孙洪志．多源油田注水系统运行调度优化 [J]．石油钻采工艺，2007，29 (3)：59-62.

[40] 杨建军，刘扬，魏立新，等．基于双重编码遗传算法的注水系统运行优化 [J]．石油矿场机械，2006，35 (4)：8-11.

[41] Duan H B，Wang D B，Yu X F. Research on the optimum configuration strategy for the adjustable parameters in ant colony algorithm [J]. Journal of Communication and Computer，2005，2 (9)：32-35.

[42] Dorigo M，Bonabeau E，Theraulaz G. Ant algorithms and stigmergy [J]. Future Generation Computer Systems，2000，16 (8)：851-871.

[43] Jensent R，Shen Q. Fuzzy-rough data reduction with ant colony optimization. Fuzzy Sets and Systems，2005，149 (1)：5-20.

[44] 侯岱云，孙韶光．基于遗传算法的供水泵站优化调度 [J]．山东大学学报（工学版），2003，33 (1)：25-28.

[45] 李慧霸，王凤芹．图论简明教程 [M]．北京：清华大学出版社，2005.

[46] 伍悦滨，曲世琳，张维佳，等．给水管网中阀门阻力实验研究 [J]．哈尔滨工业大学学报，2003，35 (11)：1311-1313.

[47] 孙文策. 工程流体力学. 第3版 [M]. 大连：大连理工大学出版社，2007.

[48] 曲世琳. 城市给水管网中阀门的实验模拟研究 [D]. 哈尔滨：哈尔滨工业大学，2001.

[49] 曲世琳，伍悦滨，赵洪宾. 阀门在给水管网系统中流量调节特性的研究 [J]. 流体机械，2003，31 (11)：16-18.

[50] 朱良华，郭维刚. 节点方程法多水源管网平差 [J]. 工程与建设，2007，21 (2)：153-155.

[51] 黄胜强，徐冰. 城市供水管网平差计算程序设计 [J]. 广西水利水电，2003，(3)：81-89.

[52] 张小红. 模糊逻辑及其代数分析 [M]. 北京：科学出版社，2008.

[53] 周明，孙树栋. 遗传算法原理及应用 [M]. 北京：国防工业出版社，2005.

[54] 王小平，曹立明. 遗传算法-理论、应用与软件实现 [M]. 西安：西安交通大学出版社，2002.

[55] Dorigo M, Di Caro G, Gambardella L M. Ant algorithms for discrete optimization [J]. Artificial Life, 1999, 5 (2)：137-172.

[56] Dorigo M, Di Caro G. The ant colony optimization meta-heuristic. New Ideas in Optimization [M], London：McGraw-Hill, 1999, 127-154.

[57] 邢文训，谢金星. 现代优化计算方法 [M]. 北京：清华大学出版社，1999.

[58] 段海滨. 蚁群算法原理及其应用 [M]. 北京：科学出版社，2005.

[59] 陈志平，徐宗本. 计算机数学 [M]. 北京：科学出版社，2001.

[60] 李士勇，陈永强，李研. 蚁群算法及其应用 [M]. 哈尔滨：哈尔滨工业大学出版社，2004.

[61] 高尚，钟娟，莫述军. 连续优化问题的蚁群算法研究 [J]. 微机发展，2003，13 (1)：21，22.

[62] 肇勇，卢晓刚. 连续优化问题的蚁群算法研究进展 [J]. 达县师范高等专科学校学报（自然科学版），2004，14 (5)：41-43.

[63] 赵佩清，颜学峰. 组合蚁群算法及其化工应用 [J]. 华东理工大学学报（自然科学版），2007，33 (6)：835-840.

[64] Gong D X, Ruan X G. A hybrid approach of GA and ACO for TSP. Proceedings of the 5th World Congress on Intelligent Control and Automation, 2004, 2068-2072.

[65] 熊志辉，李思昆，陈吉华. 遗传算法与蚂蚁算法动态融合的软硬件划分 [J]. 软件学报，2005，16 (4)：503-512.

[66] 陈少伟，成艾国，胡朝辉. 基于遗传蚁群融合算法的超弹性材料参数识别 [J]. 中国机械工程，2010，21 (21)：2627-2631.

[67] 耿强，王成良. 免疫遗传蚁群融合算法 [J]. 计算机工程与应用，2010，46 (23)：44-46.

[68] 肖宏峰，谭冠政. 基于遗传算法的混合蚁群算法 [J]. 计算机工程与应用，2008，44 (16)：42-45.

[69] 赵佩清，颜学峰. 基于新型蚁群算法优化的重油热裂解模型 [J]. 化工自动化及仪表，2007，34 (6)：20-23.

[70] 陈峻，沈洁，秦玲. 蚁群算法求解连续空间优化问题的一种方法 [J]. 软件学报，2002，13 (12)：2317-2323.

[71] 陈峻，沈洁，秦玲. 蚁群算法进行连续参数优化的新途径 [J]. 系统工程理论与实践，2003，12 (3)：48-53.

[72] 吴庆洪，张纪会，徐心和. 具有变异特征的蚁群算法 [J]. 计算机研究与发展，1999，36 (10)：1240-1245.

[73] Kennedy J, Eberhart R C. Swarm Intelligence [M]. USA：Academic Press，2001.

[74] Shi X H, Liang Y C, Lee H P, et al. An Improved GA and a Novel PSO-GA-based Hybrid Algorithm [J]. Information Processing Letters，2005，93 (5)：255-261.

[75] Shi X H，Liang Y C，Lee H P，et al. Particle swarm optimization-based algorithms for TSP and generalized TSP［I］. Information Processing Letters，2007，103（5）：169-176.

[76] Jiao Bin，Lian Zhigang，Gu Xingsheng. A Dynamic Inertia Weight Particle Swarm Optimization Algorithm［J］. Chaos，Solitons & Fractals，2008，37（3）：698-705.

[77] Pan Q K，Tasgetiren M F，Liang Y C. A Discrete Particle Swarm Optimization Algorithm for the No-wait Flowshop Scheduling Problem［I］. Computers & Operations Research，2008（35）：28-39.

[78] Chatterjee A，Siarry P. Nonlinear Inertia Weight Variation for Dynamic Adaptation in Particle Swarm Optimization［J］. Computers and Operations Research，2006，33（3）：859-871.

[79] Brits R，Engelbrecht A P，Van F. Locating Multiple Optima Using Particle Swarm Optimization［J］. Applied Mathematics and Computation，2007，189（2）：1859-1883.

[80] 黄晶. 基于粒子群算法的油田注水管网优化研究［D］. 大庆：大庆石油学院，2009.

[81] Shi Yuhui，Eberhart R C. Empirical study of particle swarm optimization［C］. Proc. Congress on Evolutionary Computation，Piscataway，NJ：IEEE Sevice Center，1999（3）：1945-1950.

[82] Kennedy J，Eberhart R. Particle swarm optimization［C］. Proceedings of the 4th IEEE International Conference on Neural Networks，Piscataway：IEEE Service Center，1995：1942-1948.

[83] Shi Yuhui，Eberhart R. A modified Particle swarm optimizer［C］. Proc IEEE Int Conf on Evolutionary Computation，1998：69-73.

[84] 王维博. 粒子群优化算法研究及其应用［D］. 成都：西南交通大学博士学位论文，2012：26-40.

[85] 蔡自兴，王勇. 智能系统原理、算法与应用［M］. 北京：机械工业出版社，2014.

[86] Tarek M，Nabhan A，Ibert Y，et al. Parallel simulated annealing algorithm with low communication over head［J］，IEEE Transaetionson Parallel and Distributed systems. 1995，6（12）：1226-1233.

[87] 李士勇，李研. 智能优化算法原理与应用［M］. 哈尔滨：哈尔滨工业大学出版社，2012.

[88] 汤跃，肖妹，汤玲迪. 泵性能测试曲线分段最小二乘多项式拟合算法［J］. 排灌机械工程学报，2017，35（09）：744-748.

[89] 常玉连，邢宝海，任永良，等. 油田注水管网拓扑结构自动设计方法研究［J］. 石油工程建设，2005（04）：5-9＋4.

[90] Di Pierro F，Khu S T，Savic D，et al. Efficient multi. objective optimal design of water distribution networks on a budget of simulationsusing hybridalgorithms［J］. Environmental Modelling & Software，2009，24（2）：202-213.

[91] Manca A，Sechi G M，Zuddas P. Water supply network optimisation using equal flow algorithms［J］. Water resources management，2010，24（13）：3665-3678.

[92] Nicklow J，Reed P，Savic D，et al. State of the art for genetic algorithms and beyond in water resources planning and management［J］. Journal of Water Resources Planning and Management，2009，136（4）：412-432.

[93] Borraz Sánchez C，Haugland D. Minimizing fuel cost in gas transmission networks bydynamicprogrammingand adaptive discretion［J］. Computers & Industrial Engineering，2010：364-372.

[94] 汤跃，肖妹，汤玲迪. 泵性能测试曲线分段最小二乘多项式拟合算法［J］. 排灌机械工程学报，2017，35（09）：744-748.

[95] SAEED M M，Al AGHBARI Z，ALSHARIDAH M. Bigdata clustering techniques based on spark：a literaturereview［J］. Peer J Computer Science，2020：1-28.

[96] FAHIMA. K and starting means for k-means algorithm［J］. Journal of Computational Science，2021.

[97] 董秋仙，朱赞生. 一种新的选取初始聚类中心的 K-means 算法 [J]. 统计与决策，2020，36（16）：32-35.

[98] 孙林，刘梦含，徐久成. 基于优化初始聚类中心和轮廓系数的 K-means 聚类算法 [J]. 模糊系统与数学，2022，36（01）：47-65.

[99] 李成友，李德奎，冯兴无. 基于 K-means 聚类分析的在线教学评价指标体系研究 [J]. 绿色科技，2021，23（13）：224-227＋232.

[100] 马庆龙. 扶余油田注水系统节能降耗技术研究 [D]. 大庆：东北石油大学，2015.

[101] Elliott J，Fletcher R，Wrigglesworth M. Applications of a New Approach in Pipeline Leak Detection [J]. Journal of Petroleum Technology. 2009，61（12）：75-77.

[102] 王杉月，张葵，艾静，等. 供水管网漏损检测与识别技术研究进展 [J]. 净水技术，2020，39（8）：49-55.

[103] Stajanca Pavol，Chruscicki Sebastian，Homann Tobias，et al. Detection of Leak-Induced Pipeline Vibrations Using Fiber-Optic Distributed Acoustic Sensing [J]. Sensors. 2018，18（9）：1-18.

[104] Rui Li，Haidong Huang，Kunlun Xin，et al. A review of methods for burst/leakage detection and location in water distribution systems [J]. Water Science & Technology：Water Supply. 2015，15（3）：429-441.

[105] 王俊岭，吴宾，聂练桃，等. 基于神经网络的管网漏失定位实例研究 [J]. 水利水电技术，2019，50（04）：47-54.

[106] Zhang Q，Wu Z Y，Zhao M，et al. Leakage zone identification in large-scale water distribution systems using multiclass support vector machines [J]. Journal of Water Resources Planning and Management. 2016，142（11）：40160421-401604215.

[107] Jiheon Kang，Youn-Jong Park，Jaeho Lee，et al. Novel leakage detection by ensemble CNN-SVM and graph-based localization in water distribution systems [J]. IEEE Transactions on Industrial Electronics. 2018，65（5）：4279-4289.

[108] 吴狄. 城市供水管网水漏损管理技术研究现状综述 [J]. 工程技术，2017，（10）：156.

[109] 刘友飞，孔国海，许杭波. 供水管网渗漏分区噪音预警体系的构建 [J]. 净水技术，2020，39（3）：132-139.

[110] Rajeev P，Kodikara J，Chiu W K，et al. Distributed optical fibre sensors and their applications in pipeline monitoring（Conference Paper）[J]. Key Engineering Materials，2013：424-434.

[111] Adedeji K B，Hamam Y，Abe B T. Towards Achieving a Reliable Leakage Detection and Localization Algorithm for Application in Water Piping Networks：An Overview [J]. IEEE Access，2017：1-10.

[112] 吴慧娟，陈忠权，吕立冬，等. 基于 DOFVS 的新型压力输水管道泄漏在线监测方法 [J]. 仪器仪表学报，2017，38（01）：159-165.

[113] 王珞桦，李红卫，吕谋，等. 基于 BP 神经网络深度学习的供水管网漏损智能定位方法 [J]. 水电能源科学，2019，37（5）：61-64.

[114] 吴晓. 油田地面集输与注水系统用能评价及优化研究 [D]. 青岛：中国石油大学（华东），2017.

[115] 单雪薇. 物联网技术在油田数字化建设中的要点分析 [J]. 信息系统工程，2020，（11）：19，20.

[116] 师玉，刘鹏瑾，陈宇钦，等. 油田数字化建设中的物联网技术运用研究 [J]. 化工设计通讯，2020，46（02）：31，46.

[117] 郝志伟. 物联网技术在油田数字化建设中的应用 [J]. 工程建设与设计，2019，（21）：157-161.